眼镜产品认证
和配镜服务认证基础知识

高 燕　张 霞　洪长迪　韩 冰　主编

中国轻工业出版社

图书在版编目（CIP）数据

眼镜产品认证和配镜服务认证基础知识 / 高燕等主编. --北京：中国轻工业出版社，2024.9. -- ISBN 978-7-5184-5078-7

Ⅰ.TS959.6

中国国家版本馆CIP数据核字第2024TZ1531号

责任编辑：杜宇芳

文字编辑：武代群　　责任终审：劳国强　　设计制作：锋尚设计

策划编辑：杜宇芳　　责任校对：朱燕春　　责任监印：张京华

出版发行：中国轻工业出版社（北京鲁谷东街5号，邮编：100040）

印　　刷：三河市万龙印装有限公司

经　　销：各地新华书店

版　　次：2024年9月第1版第1次印刷

开　　本：787×1092　1/16　印张：8.5

字　　数：170 千字

书　　号：ISBN 978-7-5184-5078-7　定价：68.00元

邮购电话：010-85119873

发行电话：010-85119832　010-85119912

网　　址：http://www.chlip.com.cn

Email：club@chlip.com.cn

如发现图书残缺请与我社邮购联系调换

240677K4X101ZBW

本书编委会

前言

中国近视人口数量庞大，儿童、青少年近视状况日趋严峻。随着线上课堂、线上办公等模式的进一步普及，视力健康问题进一步凸显，验光配镜需求持续增长。

我国自2004年开始，对眼镜产品实行工业产品生产许可证管理制度，对工业制造型眼镜企业进行实地核查和产品检验，以确认其具备持续稳定生产合格产品的能力；定配眼镜自2006年起也列入生产许可证管理目录。随着行业的发展，我国对生产许可证的管理逐步优化和调整，在2012年和2017年分别取消了定配眼镜和眼镜产品的生产许可证管理制度。

自眼镜产品取消生产许可证管理制度以来，眼镜行业主要依靠各级各地眼镜行业协会协调和行业自律进行管理。综合年度监督抽查及各地质量检查结果，镜片、镜架、眼镜成品等相关产品存在多方面的质量问题，验配行业也缺少统一的标准和制度对服务质量技术进行规范和约束。

2018年8月，为贯彻落实习近平总书记关于学生近视问题的重要指示批示精神，切实加强新时代儿童青少年近视防控工作，教育部、国家卫生健康委员会等8部门联合印发《综合防控儿童青少年近视实施方案》。2018年12月，市场监管总局印发《贯彻落实〈综合防控儿童青少年近视实施方案〉行动方案》。方案提出建立与眼镜相关的认证制度，加强眼视光产品监管和计量监管，规范眼镜片市场等认证相关目标。在国家相关政府部门的政策指导下，认证机构陆续开展眼镜产品自愿性认证和验配服务认证。2021年4月23日，在市场监管总局的指导和支持下，视觉健康近视防控认证联盟在深圳正式成立，成为我国视觉健康近视防控领域综合性认证制度建设与实施的重要平台。

本书主要介绍了眼镜及配镜产业概况，产品认证和服务认证制度，认证联盟组织的建立与工作实施，眼镜产品自愿性认证及配镜服务认证的规则、技术要求、认证流程，并结合案例分析相关技术标准。本书旨在普及眼镜产品认证及配镜服务认证基础知识，具有较强的实用性和参考性，可以为眼镜企业、配镜门店相关人员提供专业知识，为行业内的认证组织提供技术支持。

本书由北京中轻联认证中心有限公司牵头编写，在编写过程中得到了行业内相关专家和机构的大力支持，在此一并致谢。由于编写时间及编写人员水平有限，书中不尽完善的地方，望广大读者批评指正。

编者

2024年3月

目录

第一章

眼镜及配镜产业概况

第一节 行业现状

一、行业发展概况

在我国，最早的眼镜起源于“放大镜”，春秋末期，齐国的技术官书《考工记》中有用凹球面镜取火的记载，就是关于镜片的概念。在西方，普遍认为眼镜发明时间是13世纪中后期（1268—1289年），意大利旅行家马可·波罗（Marco Polo，1254—1324年）来到中国，见到元朝宫廷里有人戴眼镜，遂将眼镜的制作、使用方法带回自己的故乡——威尼斯，到了13世纪末，欧洲开始制作眼镜。

在我国历史上，随着个体手工业的发展，眼镜镜片用料由天然水晶石发展到玻璃、树脂材料后，眼镜的使用范围得以推广，制作技术不断发展。随着科技的进步，眼镜的功能不断延伸拓展，以保健、时尚为配镜目的的群体不断壮大；眼镜的种类也越来越丰富，近视镜、老花镜、散光镜、太阳镜、护目镜、游泳镜、夜视镜、3D眼镜、接触镜和角膜塑形镜等，满足不同人群需求，眼镜行业迎来快速发展。到20世纪80年代，北京、上海、苏州等主要产地均具有了一定规模的眼镜生产基础。1985 年4 月，中国眼镜协会成立，我国眼镜行业得到进一步发展。如今，我国眼镜行业已形成一定规模，并具备配套的生产能力，拥有集眼镜验配及原材料生产、仪器设备、产品检测、专业培训于一体的完整的行业体系；国有、集体、私营、合资、独资等多种所有制并存，行业充满活力，成为人民生活乃至整个国民经济中不可或缺的一部分。

二、市场规模

眼镜制造是劳动密集型产业，由于劳动力成本的不断提高，中国作为制造业大国，吸引了各方投资商的注意。自21世纪以来，作为原眼镜生产地的日本、德国的眼镜生产商纷纷在中国建立起眼镜加工厂。我国现已成为全球眼镜产品生产大国。全国眼镜制造行业相关企业超过6万家，其中生产企业超过4000家，制造业规模以上企业超过400家，累计完成主营业务收入428.31亿元，产量达8.78亿副。眼镜架、眼镜片和眼镜零配件的生产加工总量均占世界比重70%以上，稳固了我国作为世界眼镜生产大国、消费大国、出口大国的重要地位。

眼镜成品及验配市场整体运行稳中向好。从数量上看，中国眼镜零售店数量众多，全国眼镜店总数已达23000余家，若计入连锁店的分店，眼镜店总数可达31000家。2022年，中国眼镜产品零售市场规模为898亿元，同比增长5.65%。进出口方面，据海关统计，2022年我国眼镜及其零部件进口金额为15.24亿美元，出口金额为73.8亿美元。由于我国拥有庞大的人口基数，眼镜产品具有刚性需求特性，加上儿童青少年近视率逐年攀升、老龄化人群增加迅速、视觉健康和时尚意识提高等因素，未来几年我国眼镜市场仍能够保持平稳增长，并将催生千亿元眼镜市场规模，预计到2024年能够突破1000亿元，其中镜片零售市场规模将超过400亿元。

从产品构成来看，眼镜镜片与光学镜架是眼镜市场的核心产品，占总体规模的比重分别为40.5%与36.4%；太阳镜与隐形眼镜占比均在10%左右；老花镜占比较小，不足2%。各类型产品占比如图1-1所示。

2022年，眼镜镜片市场规模达340亿元。儿童青少年近视防控市场增长极为突出，而单光镜片受整体经济环境等影响有所下降。从统计数据分析，头部企业的销售额所占比重大，但从销售量来看，国内厂商处于领先地位。从销售额来看，国内眼镜镜片的行业集中度相当高。头部企业的总销售额占比达86.7%，排行前5名分别是卡尔蔡司、依视路、万新、豪雅和明月，国际名牌占主导地位且优势明显。其中，卡尔蔡司与依视路的份额均超过20%，作为国产镜片厂商代表的万新位列第三，市场份额为8.9%；豪雅次之，市场份额

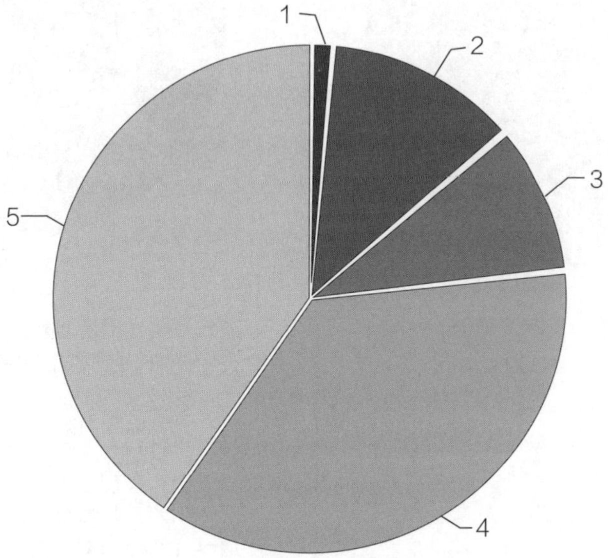

1—老花镜，1.5%；2—隐形眼镜，12.1%；3—太阳镜，9.5%；
4—光学镜架，36.4%；5—眼镜镜片，40.5%。

图1-1　2022年中国眼镜市场构成

约为6.5%。由于儿童青少年近视防控政策指导，卡尔蔡司成长乐、依视路星趣控、万新易百分等近视防控镜片增长迅速，国内其他厂商也纷纷布局各自的近视防控产品线，为未来增长注入动力。镜片市场份额情况如图1–2所示。

从销售量来看，万新销量稳居第一，明月次之，国际品牌销量份额小幅上涨。万新眼镜片销量以15.4%的份额领跑，明月镜片销量以10.2%的份额排在第二位，鸿晨光学、汇鼎光学和优立光学的份额分别为8.4%、8.1%及7.2%，分列第三至第五位，如图1–3所示。销售量排行前5位均为国内厂商，但它们的总销量仅占行业的49.3%。由此可见，国内眼镜片厂商处于高速成长阶段，一定程度上挤占了国际品牌厂商的销量份额。2023年国内一些头部厂商也纷纷进入近视防控市场，市场集中度还会进一步增加。

在政府支持外贸型经济发展、国际产业转移、国产品牌影响力日益增加及产品开发设计水平提高等因素的影响下，我国眼镜产品进出口市场总体稳定。据海关统计，2022年我国眼镜及其零部件进口金额为15.24亿美元，同比下降12.3%；出口金额为73.8亿美元，同比增长11.9%。

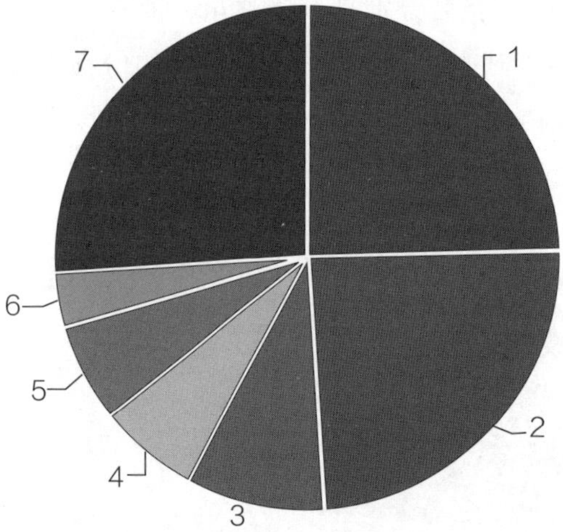

1—卡尔蔡司（中国），24.60%；
2—依视路（中国），24.30%；
3—万新，8.90%；
4—豪雅（上海），6.50%；
5—明月，6.20%；
6—尼康（北京），3.50%；
7—其他，26%。

图1–2　2022年中国眼镜镜片市场份额情况（按销售额分）

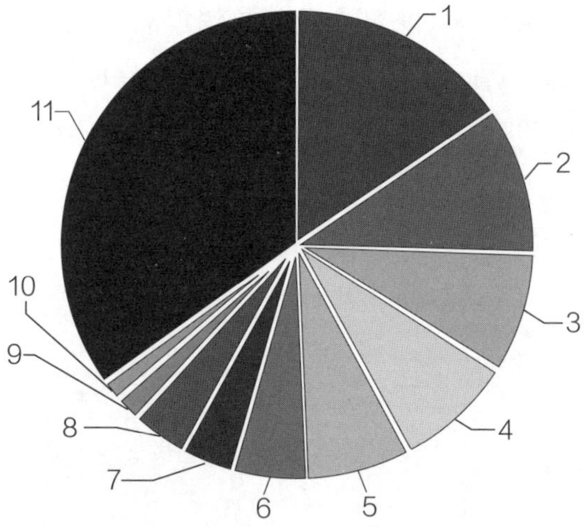

1—万新，15.40%；2—明月，10.20%；
3—鸿晨，8.40%；4—汇鼎，8.10%；
5—优立，7.20%；6—新天鸿，4.90%；
7—依视路（中国），3.80%；
8—卡尔蔡司（中国），3.80%；
9—凯米，1.80%；10—豪雅，1.40%；
11—其他，35%。

图1–3　2022年中国眼镜镜片市场份额情况（按销售量分）

视力问题人口基数逐步扩大，居高不下的近视率增加了对眼镜镜片的需求；同时，政府部门及社会各界愈发重视青少年视力问题，近视防控和矫正需求将进一步催生对近视防控镜片的需求。

三、产业分布

中国眼镜产业集群分布高度集中且各具产业特色。目前，全国制造型眼镜生产企业集中在江苏、浙江、广东、福建和上海这5个地区，由此诞生五大“中国眼镜产品生产基地”，全国95%以上的眼镜产品出自这些基地。

1. 江苏省

江苏丹阳号称“中国眼镜之都”，是“中国眼镜生产基地”和“中国眼镜出口基地”。经过近50年的发展，眼镜工业已经形成较完善的产业链及社会化分工、规模化配套、上下衔接的产业体系，行业优势突出，产业特色鲜明，成为当地支柱产业之一。丹阳现拥有眼镜生产企业约600家，以小微企业为主，以生产眼镜镜片、中低端眼镜架和太阳镜为主；眼镜产业相关配套贸易企业及商家1000多家，从业人员超8万人，产品涵盖眼镜产业各个领域。眼镜架年产量1亿多副，镜片年产量4亿多副，是世界最大的镜片生产基地、亚洲最大的眼镜产品集散地，在全球眼镜行业内具有举足轻重的地位。据统计，2022年，丹阳市眼镜工业产值超122.3亿元，出口销售额达6.61亿美元。

2. 浙江省

浙江省的眼镜生产企业主要分布于台州市和温州市，其中温州市以出口眼镜架和太阳镜为主，台州市以生产中低端太阳镜为主。

浙江温州获得“中国眼镜生产基地”称号，其中瓯海区与意大利贝卢诺省、日本鲭江市、韩国大邱市并称为“世界四大眼镜生产城市和出口基地”。瓯海区拥有眼镜及相关企业上千家，从业人员达6万人，形成了集研发、设计、生产、销售于一体的完整的百亿产业链；约90%的眼镜产品用于出口，远销世界100多个国家，因此，瓯海区也成为世界眼镜OEM（定点代工生产）基地。

3. 广东省

广东省的眼镜生产企业主要分布于广州市、深圳市和东莞市，以生产中高端眼镜架和太阳镜为主，其中以港资企业为代表的大中型眼镜企业主要落户于深圳市和东莞市。

深圳横岗是“中国眼镜生产基地”之一，也是全球中高档品牌眼镜镜架的最大生产基地。自20世纪80年代起，以来料加工起步，经过30多年的发展，横岗聚集了眼镜及相关企业近500家，形成了完整的产业集群，占据了全球中高端镜架大部分市场，年产眼镜超过1.2亿副，年销售额逾130亿元，85%以上的产品出口到全球120多个国家和地区。

4. 福建省

福建省的眼镜生产企业主要集中在厦门市，以生产中高端太阳镜和眼镜架为主，台资企业多数落户在此。

厦门市被誉为“中国太阳镜生产基地”。凭借与中国台湾隔海相望的地域优势，20世纪90年代初，中国台湾一批优秀眼镜生产企业及配套厂商东移至厦门聚集。经过约30年的发展，厦门眼镜行业已经涵盖太阳镜、光学镜架、镜片、老视镜、生产设备等眼镜制造行业，形成从材料、零件、电镀、成镜、包装到批发零售的完整产业链。厦门眼镜生产企业达120家，品牌商贸、眼镜电商企业约50家；总产值达110亿元，年产值过亿的企业有20家，其中超5亿元的企业有3家，超10亿元的企业有2家。中高端太阳镜产品占有国内市场八成以上，占据海外代工一半以上份额。品牌影响力高，且管理先进，厦门眼镜企业的生产规模和技术水平跻身中国乃至世界较高水平之列。

5. 上海市

上海市则以生产中高端树脂镜片为主，随着人力成本的增加，其眼镜企业的数量由2004年的40多家锐减到10多家，但世界上最大的3个镜片商——法国依视路、日本豪雅和德国卡尔蔡司，都在上海建有生产基地。

四、产品质量现状

总的来说，随着传统制造业技术改造、自动化、智能化装备水平的提升，产品加工工艺、品种和质量水平明显提升，高质量产品市场供给增多，有效地满足了消费者多样化需求。眼镜市场竞争日趋激烈，大型企业拥有先进的生产设备和高素质的技术人员，可有效管理生产和控制产品质量；中型企业也拥有较好的设备和一定数量的技术人员，但对生产管理和产品质量控制稍差；小型企业的技术力量薄弱、设备简陋，特别是质量控制手段少，从业人员专业知识和质量意识相对不足，基本没有有效的质量控制能力，仅靠低价来满足低端市场需求。

眼镜是消费者长期贴身使用的产品，其质量直接关系人体健康与安全。一副合格的眼镜可用于矫正视力、保护眼睛；不合格的眼镜不仅不能起到保护作用，还可能会导致视力模糊、视物高低不平或物像不正、眼睛肌肉疲劳、眼睛肿胀等视疲劳，甚至造成眼部疾病及其他相关损伤，影响佩戴者的身心健康。因此，眼镜产品一直是国家质量监管部门重点监管领域。

1. 定配眼镜

2006—2012年，国家对定配眼镜实行生产许可证制度；但在2012年取消了定配眼镜的生产许可证要求后，定配眼镜质量逐渐疏于监管。国家质检总局于2014年和2015年先后开展了定配眼镜的国家监督抽查，合格率分别仅为71.7%和85.6%。之后，全国各地市质量监督管理部门陆续对定配眼镜开展监督抽查。2023年，上海市、浙江省、江苏省、广东省、福建省、山东省、山西省、吉林省、河北省、湖北省、湖南省、河南省等省、市抽查1198批次定配眼镜，1154批次合格，平均抽样合格率为96.3%。定配眼镜的平均合格率虽有明显提高，但据各地抽查报告发现，定配眼镜不合格项目集中在柱镜轴位、光学中心单侧水平偏差、光学中心水平偏差，反映出眼镜的加工水平亟待提升，其中更关键的是要加强从业人员的专业培训，提高从业人员的技术水平。

2. 眼镜产品

从2004年开始，我国眼镜行业实行工业产品生产许可证制度，直到2017年6月国务院下发《关于调整工业产品生产许可证管理目录和试行简化审批程序的决定》（国发〔2017〕34号），取消了眼镜产品历经10多年工业产品生产许可管理。

2017年第四季度，国家质检总局针对取消生产许可证后组织的眼镜产品监督抽查，是历年来眼镜制造企业全覆盖的摸底抽查，对北京、天津、上海、江苏、浙江、广东、福建、河北、陕西、甘肃、辽宁、安徽、河南、山东、江西、广西、湖南、四川和重庆共19省和直辖市全部原获得生产许可证的眼镜企业开展监督抽查，共抽查了651家企业生产的696批次眼镜产品。抽查发现有109批次产品不符合标准的规定，总体抽查合格率为84.3%，涉及球镜顶焦度偏差（主子午面一）、球镜顶焦度偏差（主子午面二）、棱镜度偏差、材料和表面的质量、镜片直径有效尺寸偏差、色散系数、紫外透射比τ_{SUVA}、紫外透射比τ_{SUVB}、防紫外性能τ_{SUV}（280 ~ 380nm）、标志、光学中心水平偏差、光学中心单侧水平偏差、光学中心垂直互差、镜架要求（抗汗腐蚀）、光透射比相对偏差、光透射比τ_V、方框法水平镜片尺寸偏差、片间距离偏差、镜腿长度偏差、抗拉性能、耐疲劳、镀层结合力、抗汗腐蚀项目。全国眼镜主产区的抽检情况如图1–4所示。此次抽查是发挥国家监督抽查的积极作用，针对取消许可证后工厂型眼镜企业的产品整体质量状况和标准执行情况的全面检查。

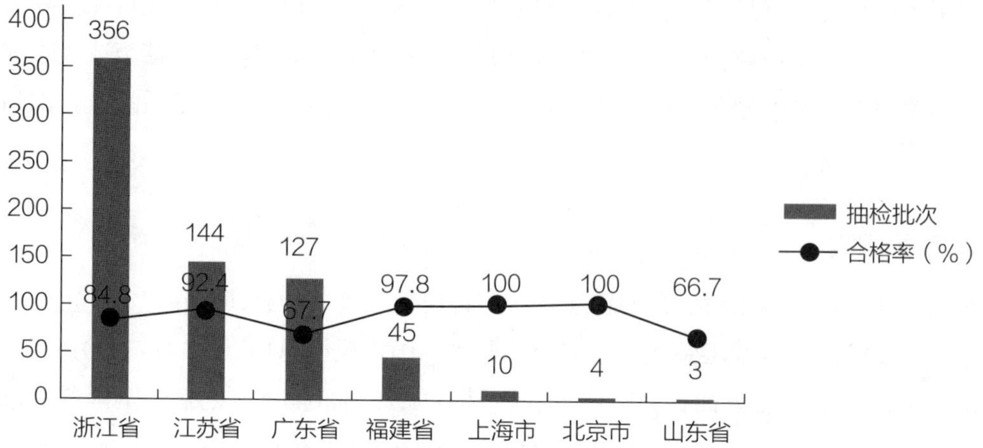

图1-4 全国眼镜主产区抽检情况

（1）眼镜镜片

眼镜镜片是眼镜产品的关键光学元件，包括光学树脂镜片、太阳镜片、玻璃镜片和车房片，直接关系到配戴者的用眼健康，是历年国家监督抽查的重点产品。近5年的眼镜镜片产品国家监督抽查合格率见表1-1。2022—2023年，湖北省、陕西省、山西省、吉林省、福建省厦门市、山东省济南市及广东省广州市的市场监督管理部门对眼镜镜片产品进行了抽查，共抽查426批次眼镜镜片产品，409批次合格，平均合格率为96%，与国家监督抽查合格水平相当。

表1-1 近5年的眼镜镜片产品国家监督抽查合格率

年度	2019	2020	2021	2022	2023
批次	140	136	174	160	175
合格率/%	87.9	89.7	92.0	95.6	96.0

眼镜镜片抽检不合格项目主要涉及球镜顶焦度偏差（主子午面一）、基准点厚度偏差、水平棱镜度偏差、耐磨性能、折射率、色散系数、平均透射比（紫外光谱区）、可见光透射比、紫外透射比（τ_{SUVA}和τ_{SUVB}）、耐光辐照等。

（2）眼镜架

眼镜一般由眼镜镜片和眼镜架组成，眼镜架间接影响镜片装配并与人的皮肤直接接触，是历年国家监督抽查的重点产品，主要包含金属架和塑料架。近5年的眼镜架产品国家监督抽查合格率见表1-2。自2020年起，眼镜架国家抽查合格率明显提升。不合格项目主要涉及尺寸偏差、耐疲劳、抗汗腐蚀。

历次抽检都发现抗汗腐蚀不合格，主要原因是企业所用的焊接材料质量较差或者焊接工艺不过关，使用的原材料容易腐蚀或变色。

表1-2　近5年的眼镜架产品国家监督抽查合格率

年度	2019	2020	2021	2022	2023
批次	300	176	228	126	150
合格率/%	83.7	97.2	97.4	99.2	99.3

2022—2023年，山西省、陕西省、天津市、福建省及广东省广州市的市场监督管理部门对眼镜架产品进行了抽查，共抽查286批次眼镜架产品，282批次合格，平均合格率为98.6%，与国家监督抽查合格水平相当。

3. 太阳镜

太阳镜，也称遮阳镜，作遮阳之用。人在阳光下通常要靠调节瞳孔大小来调节光通量，当光线强度超过人眼调节能力时，就会对人眼造成伤害。特别是在夏天，人们在户外活动场所佩戴太阳镜能有效防止紫外线对眼睛的伤害。太阳镜成为人们户外出行防护和装饰的必备品，被质量监管部门列入重点消费产品进行监督抽查。近5年的太阳镜产品国家监督抽查合格率见表1-3，质量合格率保持在90%左右。2022—2023年，北京市、上海市、山东省、浙江省、江苏省、陕西省、吉林省、福建省、宁夏回族自治区等省（区）、市级市场监督管理部门对太阳镜产品进行了监督抽查，共抽查429批次太阳镜产品，379批次合格，平均合格率为88.3%，与太阳镜国家监督抽查合格率基本持平。

表1-3　近5年的太阳镜产品国家监督抽查合格率

年度	2019	2020	2021	2022	2023
批次	200	127	209	—	237
合格率/%	90.0	89.8	90.9	—	86.1

太阳镜的不合格项目涉及顶焦度偏差、光透射比、光透射比相对偏差、紫外透射比（τ_{SUVA}和τ_{SUVB}）、抗汗腐蚀、交通信号透射比、色极限、偏振镜片和偏振太阳镜等，反映出生产企业对太阳镜加工过程控制不严格，可能存在某些生产企业为控制成本而选择了不良原料。标志项目不符合要求，则是生产企业未充分理解太阳镜标准，产品信息不全面。

4. 老视成镜

据中国人口普查数据显示，现阶段我国60岁及以上人口超过2.6亿人，据国家卫健委统计，预计“十四五”时期，60岁及以上老年人口总量将突破3亿，占比将超过20%，进入中度老龄化阶段；2035年左右，60岁及以上老年人口总量将突破4亿，在总人口中的占比将超过30%，进入重度老龄化阶段。人口老龄化程度提升，老视产品需求巨大。1995年国家首次对老视成镜开展监督抽查，合格率仅为34.6%，质量水平堪忧。随着国家质量监管部门加强监督抽查，老视成镜的抽查合格率逐步提高。近5年的老视成镜产品国家监督抽查合格率见表1–4。不合格项目主要涉及镜片顶焦度、装配质量、光学中心垂直互差、光学中心水平偏差、光学中心单侧水平偏差、光透射比、两镜片顶焦度互差。这反映出老视成镜的加工水平有待提升，与老视镜的生产企业多为中小型企业有关，其质量控制手段有限。2023年，国家对京东、唯品会等6家平台的68家销售单位进行网络监督抽检，较明显地暴露了网络平台销售的老视成镜产品质量问题。

表1–4 近5年的老视成镜产品国家监督抽查合格率

年度	2019	2020	2021	2022	2023
批次	90	50	91	61	71
合格率/%	91.1	94.0	93.4	95.1	70.4

2022—2023年，江苏省、浙江省、福建省、山东省、四川省、江西省、安徽省、吉林省、广东省及宁夏回族自治区的省（区）、市级市场监督管理部门，对老视成镜产品进行了各级监督抽查，共计抽查493批次老视成镜产品，479批次合格，平均合格率为97.2%，高于国家监督抽查合格水平。

5. 游泳眼镜

游泳眼镜是游泳爱好者的必备物品，是夏季热销产品。优质泳镜具有高性能防雾、抗紫外线、密封性能好等特性，对眼睛起到保护作用。对于游泳眼镜产品，国家市场监督管理总局仅在2019年开展了全国范围的监督抽查，共抽查了上海市、江苏省、浙江省、湖南省、福建省、山东省和广东省共 7 个省（市）26家企业生产的28批次游泳眼镜产品，抽样合格率仅为60.7%。同年，上海市监管部门抽查了9家生产企业的20批次产品，仅10批次合格，合格率为50.0%；南京市市场监管部门对电商平台的游泳眼镜产品质量进行了监督抽查，共抽查产品30批次，合格27批次，合格率为90.0%；江苏省市场监管部门对游泳眼镜产品质量进行了监督抽查，共抽查产品60批次，合格率为85.0%。2022—2023年，江苏省、上海市、福建省、广东省及宁夏回族自治区的省（区）、市级市场监督管理部门共计抽查86批次游泳眼镜产品，76批次合格，平均合格率为88.3%。游泳眼镜抽样合格率逐步提升。

五、产业运营模式

我国眼镜行业自20世纪80年代悄然兴起，当时的眼镜零售行业以国营零售店为主，私营店仍处于萌芽状态，主要销售产品为以矫正视力为目的的定配眼镜。到了20世纪90年代中期以后，眼镜行业进入快速发展期。

（一）工厂型眼镜制造业

进入21世纪，中国眼镜行业在产品技术革新上有了重大飞跃并得到迅速发展。现在的中国眼镜行业正处于从粗略化、家庭化的管理模式，向标准化、细节化方向发展的过程，眼镜制造业以作坊式加工、代加工为主要运营模式，同时一些初具规模的企业从“贴牌代工”努力转型打造自主品牌。

1. 作坊式加工

我国眼镜产业超过4000家企业，其中生产企业1100余家，其他近3000家均为配套企业，为眼镜生产企业提供零配件加工、眼镜片镀膜、金属加工电镀等，大多为个体工商户，没有建立企业质量管理体系。浙江温州眼镜产业共有上千家企业，眼镜生产企业有500家左右，其他600家左右均为配套企业；江苏省丹阳市有1600多家眼镜企业，从业人员约6万人，眼镜生产企业约400家，1200家从事眼镜贸易和零部件配套加工。

2. OEM（代加工）

我国的眼镜产量占到了世界眼镜总产量的70%，但缺乏自主品牌，OEM仍是众多眼镜企业的经营模式。温州是全球各大眼镜品牌代工厂的主要基地之一，生产的眼镜产品约90%用于出口。据温州市眼镜商会统计，温州以代工为主要经营模式的企业多达上百家，代工的国际知名品牌有几十个，包括Hugo Boss、Guess、阿玛尼、普拉达、Just Cavalli、Grand vision、Fielmann等。深圳横岗也是中国重要的眼镜出口基地，主要生产塑胶、金属、钛材等中高档眼镜架，产品有85%以上用于出口，占全球中高档眼镜架产量的70%，为国际奢侈和知名眼镜品牌进行代工和贴牌生产。厦门生产的中高端太阳镜产品也以出口为主，产品占据海外代工厂一半以上的份额。

3. 从“代加工”转型打造自主品牌

随着生产技术的发展，产业机构逐渐发展变革，代工的生产模式已经不能满足产业需求，中国也需要自己的眼镜品牌，才能在世界眼镜行业中拥有立足之地。各眼镜企业在当地政府引导下积极寻求转型和发展道路。

（1）深圳横岗

从2014年开始，在当地政府部门积极引导下，深圳横岗眼镜企业逐渐由“贴牌代工”转型为打造自主品牌，寻求高端化、品牌化、时尚化之路；通过打造“全国时尚眼镜产业知名品牌示范区”“眼镜特色小镇”，培育了柏琪、华强眼镜P+US、施洛华、狄米特等自主品牌。横岗现已拥有自主品牌眼镜生产企业50余家，品牌60多个，“横岗眼镜”被注册为集体商标。

（2）福建厦门

2009年厦门获得“中国太阳眼镜生产基地”称号之后，厦门诚益光学、雅瑞光学、华茂光学、来奇、虹泰、上杰等一批眼镜龙头企业开始致力于科技创新，增加自动化生产线，提高生产效率，寻求从OEM转型升级，打造自主品牌、加强品牌营销。如今厦门已成为国内太阳镜品牌的集中地，国内行销的前五大品牌“暴龙”“陌森”“海伦凯勒”“派丽蒙”“JEEP”都在厦门，厦门眼镜品牌已成为国内的流行风向标，在国际上的影响力也越来越高。

（3）江苏丹阳

“中国眼镜之都”丹阳，拥有最大的树脂镜片生产企业万新公司、最大的隐形眼镜生产企业海昌公司、中国最大的眼镜网络销售企业淘镜公司，以及中国镜片领军企业明月光学等一大批优秀眼镜企业，并成功注册“丹阳眼镜”集体商标。丹阳眼镜行业品牌意识不断增强，越来越多的品牌产品走进了人们的视野，如海昌、万新、明月、唯尊、鸿晨等品牌镜片以及平凡、新族、米顿、魅影、万金宝等品牌镜架已成为市场潮流。

（二）眼镜零售业（含验配眼镜）

近几年，个性化的消费需求增加，眼镜零售业态越来越多元化，销售经营渠道也逐步细化，包括传统批发零售企业、商业连锁店、以医院眼科为背景的视光配镜中心、快消时尚眼镜店、中高端眼镜连锁品牌、轻奢品牌眼镜店、平价眼镜店。除隐形眼镜外，眼镜零售市场份额占比较高的大型龙头企业少，行业处于完全竞争的市场氛围。几种主要运营模式如下。

（1）眼镜零售连锁化、规模化

20世纪90年代中期，树脂镜片替代玻璃镜片，中国眼镜行业便经历了一次大规模的成长，大部分小型零售企业在此期间逐步连锁化、规模化。进入21世纪，国内具有一定规模的眼镜零售连锁店已遍布全国各个城市，并朝着现代营销、连锁经营的方向发展，一些规模较大、资金雄厚的眼镜店发展壮大为区域性或全国性的连锁店，如广州东方眼镜、深圳博士眼镜、重庆千叶眼镜和精益眼镜、上海吴良材眼镜、吉林王鹏眼镜等。

在眼镜市场巨大发展潜力的吸引下，中国台湾地区和国外的一些眼镜零售巨头凭借着雄厚的资本，纷纷通过投资、收购等方式抢滩中国大陆市场。其中，宝岛眼镜在大陆拥有1200家以上的连锁店，是亚洲最大的华人连锁眼镜企业。

（2）医院诊断+处方配镜

儿童青少年的视觉健康日趋严重，家长纷纷带孩子到医院进行验光诊断，医疗资源和患者比例不对等导致医院配镜部人满为患，具备医疗背景的眼科视光门诊逐渐崛起。目前，全国各地眼视光专业医疗机构或医院门诊均设有配镜部。医院的视光师、验光师均具有视光专业或医学相关专业背景，并经过统一培训、严格考核后出诊，专业水平较好，发现有眼疾可直接治疗，所以越来越多的家长选择带孩子到医院视光中心或门诊验光配镜。

（3）快时尚和个性化消费

随着人们收入增加、消费升级，眼镜越来越成为生活中的必需品。除了必备的视力功能性，人们愈发注重其时尚性和科技加成，给眼镜零售业创造了新机会。大型商场里，装修风格极具特色的眼镜店，产品时尚，价格亲民，开放的购物环境吸引年轻人试戴和购买。快时尚消费给了眼镜行业新的方向，从辅助视力的工具变成时尚的配饰，眼镜的功能发生了转变。时尚眼镜搭上消费升级的顺风车，出现了一批主打快时尚的眼镜品牌。以睛姿眼镜J!NS为代表的快时尚眼镜进入我国并快速发展，开启了眼镜零售店的快时尚经营模式，木九十、aojo、LOHO等快时尚眼镜深受消费者追捧。其中，木九十品牌已经拥有800多家门店，销售额超过20亿元；LOHO眼镜也有300多家门店，营收额达5亿多元。

（4）实体店+互联网

随着网络购物盛行，越来越多的人依赖互联网，以80后、90后、00后尤为显著。线上配镜方便快捷、价格实惠，受到了众多消费者的青睐，成了继服装、电子产品、书籍之后的又一网购新物。网上购买眼镜的流程一般是由消费者提供现有的验光单提交给线上商家，再根据网上的图片挑选镜片和镜架下单，商家将眼镜配好后寄给消费者则完成眼镜验配。为了迎合年轻人的消费习惯和对产品的追求，方便用户更放心自主地挑选品牌和样式，眼镜店依照新零售模式转型，衍生了实体店+互联网的运营模式，即线下体验、线上购买，不同企业的运作方式不尽相同。一种方式是让消费者在网上用较优惠的价格购买心仪的眼镜后，到实体店验光、配镜；另一种方式是互联网公司与传统零售商合作，通过团购券、优惠券、代金券等引流线上潜在客户，会员账户互通，运用O2O模式尝试验光师预约模式等。2022年，眼镜网店已有211家，其中品牌旗舰店有57家，品牌特许店11家，并且在多个互联网购物平台均收录有眼镜网店。此类消费目前处于发展阶段，将来有望发展成为眼镜行业一个重要的销售渠道。

第二节　管理模式

一、生产许可证管理阶段

从20世纪90年代开始，市场经济给眼镜验配企业带来前所未有的机遇。从事眼镜验光、配镜业务的各类企业发展迅速，全国各地眼镜店如雨后春笋般涌现。一些技术能力不足、设备粗陋眼镜店，看到眼镜行业“有利可图”盲目上马，验配质量低劣的产品给广大视力患者不断造成人身伤害和经济损失，冲击和干扰了正规验配企业的经营与生存。

为了从源头上杜绝假冒伪劣等不合格产品流入市场，切实保护消费者合法权益和身心健康，促进眼镜行业健康发展，2004年国家质检总局宣布对眼镜产品实行生产许可证制度，同时颁布了相关实施细则。根据《中华人民共和国工业产品生产许可证管理条例》和《中华人民共和国工业产品生产许可证管理条例实施办法》，各地质检局依据细则对工业制造型眼镜（如眼镜镜片、眼镜架、太阳镜、老视成镜等）企业进行实地核查和产品检验，确认其具备持续稳定生产合格产品的能力后，颁发生产许可证证书；企业获得生产许可证证书后方可进行眼镜产品的生产和销售。企业投入专业设备，聘用专业人才，建立质量管理体系，极大地规范了眼镜验配市场，眼镜验配行业走向规范化、标准化，逐步形成“统一管理、分工协作、突出重点、程序规范”的管理体制。截至2016年12月，全国眼镜（不包括验配眼镜）生产企业已达1100余家，这一制度的实施，在一定程度上规范了生产企业的生产行为，抑制了不合格产品的流出，对于规范行业的经营秩序发挥了很大的作用，眼镜行业产品质量监督抽检合格率达到90%以上，质量水平明显提升。

直到党的十八大后，党中央、国务院深化改革，2017年6月国务院取消19类（包括工业制造型眼镜）工业产品生产许可证管理，将3类工业产品由许可证转为强制性产品认证管理，将8 类产品下放给省级质监部门发证。至此，除隐形眼镜类产品外，眼镜产品生产许可证已全部取消。

隐形眼镜，又称软性角膜接触镜（包括美瞳类彩色隐形眼镜），因产品直接覆盖于角膜表面，与眼组织紧密接触，国内按照第三类医疗器械进行管理。隐形眼镜及护理液的经营单位，无论是网络还是实体店，均应当经省、自治区、直辖市人民政府药品监督管理部门审查批准，取得《医疗器械经营企业许可证》方可从事经营活动。《医疗器械经营企业许可证》有效期为5年。

二、现阶段的管理模式

现阶段，我国对眼镜行业的监管采取国家宏观调控和行业自律相结合的方式。国家市场监督管理总局从技术监管出发负责眼镜产品标准、质量、市场秩序的监督与管理，通过起草制定市场监督管理法规、政策引导眼镜行业规范发展。自2017年6月眼镜产品生产许可证全部取消，眼镜行业主要依靠各级各地眼镜行业协会协调和行业自律进行管理。

为了持续加强验配行业的管理、规范验光配镜市场秩序，保障验光配镜行业的服务质量，维护经营者和消费者的合法权益，全国各地区质量监管部门积极寻求新的行业监管模式，试图从眼镜行业的实际出发，从源头抓起，引导行业自我管理，制定规范服务类的地方标准，从人员、设备、环境和管理制度等方面规范验光配镜行业的经营秩序。截至目前，上海、广东、福建、辽宁、吉林、山东、安徽、河南、海南、云南、内蒙古、河北等省（市）、自治区，先后发布了验光配镜技术服务规范类的地方标准约20份，见表1–5。各地区地方标准规定验光、配镜质量水平差异较大，为统一验配规范，2019年12月，工信部发布轻工行业标准QB/T 5448—2019《眼科光学　验光配镜技术规范》，制定了验光和配镜的专业操作规范，以期避免验光配镜技术操作失误，损害消费者健康。

表1-5　全国各地区地方标准一览表（截至2024年3月15日）

序号	标准号	标准名称	省市区	状态
1	DB13/T 2963—2019	验配眼镜企业诚信计量建设规范	河北省	有效
2	DB15/T 639.1—2023 DB15/T 639.2—2023	验光配镜质量技术服务规范　第1部分：框架眼镜 验光配镜质量技术服务规范　第2部分：软性角膜接触镜	内蒙古自治区	有效
3	DB22/T 1922—2018	配装眼镜质量检测技术服务规范	吉林省	有效
4	DB22/T 1923—2018	眼镜校配技术服务规范	吉林省	有效
5	DB23/T 1332—2020	眼镜行业验光配镜技术与服务规范	黑龙江省	有效
6	DB31/T 625—2012	眼镜专业、专卖店（柜）服务质量规范	上海市	有效
7	DB32/T 2728—2015	眼镜验配服务规范	江苏省	有效
8	DB32/T 3646—2019	眼镜网络验配服务规范	江苏省	有效
9	DB33/T 2388—2021	眼镜制配计量管理规范	浙江省	有效
10	DB35/T 1714—2017	验光配镜企业质量技术服务管理规范	福建省	有效
11	DB37/T 970—2007	眼镜验光配镜服务质量规范	山东省	有效
12	DB41/T 1441—2017	眼镜行业诚信计量示范单位评定规范	河南省	有效
13	DB46/ 8—2008	验配眼镜及眼镜产品销售行业服务规范	海南省	有效
14	DB21/T 1915—2011	眼镜验光配镜服务质量规范	辽宁省	废止
15	DB34/T 4429—2023	眼镜验光配镜服务评价规范	安徽省	有效
16	DB34/T 1667—2012	眼镜业验光技术指导规范	安徽省	废止
17	DB44/T 267—2005	眼镜验光配镜行业服务技术规范	广东省	废止
18	DB34/T 1947—2013	眼镜业验光条件评级指南	安徽省	废止
19	DB53/ 093—2001	眼镜行业技术服务管理规范	云南省	废止
20	DB510100/T 008—2006	眼镜验配企业等级划分条件	四川省成都市	废止

三、认证制度

我国青少年近视呈现高发、低龄化趋势，严重影响孩子们的身心健康，这是一个关系到国家和民族未来的大问题。加强儿童青少年近视防控，促进儿童青少年视力健康是中央关心、群众关切、社会关注的“光明工程”。2018年8月30日，教育部、国家卫生健康委员会等8部门联合印发《综合防控儿童青少年近视实施方案》；2021年4月28日，教育部办公厅等十五部门联合制定的《儿童青少年近视防控光明行动工作方案（2021—2025年）》，指导各地改善教学设施和条件，鼓励采购和使用获得认证的眼视光相关产品及验光配镜服务。市场监管总局将"研究建立与眼镜相关的认证制度"作为重要的目标任务，要求针对眼镜行业特点，研究建立与眼镜相关的认证制度，协调相关部门研究出台认证采信推广的政策措施。通过第三方认证，保障镜片质量，规范和统一配镜活动，完善眼镜售后服务体系，保障眼镜最终使用效果，有效地减少配镜不当给儿童青少年带来的二次伤害。

研究建立眼镜相关认证制度，包括配镜服务认证和眼镜产品认证，具有以下重要意义。

（1）开展配镜服务认证，是当前眼镜零售业验光配镜亟需的管理模式

目前，眼镜行业主要由中国眼镜协会领导，各地区眼镜行业协会实施自我管理。按照民政部等有关部门的要求，中国眼镜协会起草了《中国眼镜行业职业道德规范》《中国眼镜协会会员基本行为规范》《中国眼镜行业诚信经营规范》《中国眼镜行业质量检查制度》《验配眼镜企业服务规范》《中国眼镜协会行业内争议处理规则》6个"行规行约"，并于2013年10月表决通过并实行。由于眼镜验配行业准入法规和管理模式不完善，各地区诸如"验光配镜技术服务规范"的地方标准、行业标准和行规行约不具有强制约束力，市场本身存在一定的盲目性和投机性，无法自发遏制产品的粗制滥造和不正当竞争，形成合理的公平竞争和优胜劣汰机制。自愿性认证是市场主体实现自我管理和提升的重要手段，开展眼镜验配服务认证，能够帮助眼镜企业尽快广泛认可和采信。在市场竞争激烈的情况下，眼镜验配服务认证能够增加眼镜企业参与市场竞争的含金量，增强竞争力，赢得消费者的信任感，提升经济效益和社会效益。

（2）开展眼镜产品认证，推动眼镜制造企业转型升级

目前，中国已成为世界眼镜第一制造大国，但质量上仍与发达国家存在很大差距。整个行业以中小企业为主，品牌优势不明显，产品创新能力不足，低质产品充斥市场，同质化竞争力激烈，假冒伪劣现象屡禁不止，企业质量控制和质量保证能力较弱。产品认证依据规则、标准和技术规范，长期对产品质量和企业管理的监督跟踪，帮助企业建立可持续改进的质量管理体系，促进产品生产和质量控制能力，保障产品合格水平和持续稳定的生产能力，同时通过传递信任机制引导社会各方参与质量共治，树立品牌公信力，提高产品的市场接受程度。特别是开展眼镜产品高端性能认证，可以帮助眼镜市场快速筛选特性产品，满足特定消费市场需求，有效解决同质化竞争的问题。产品认证具有的技术评价功能，通过对生产工艺技术评价，引导市场调节，淘汰落后产能；对先进工艺、新材料和新技术的评价，引导政府政策扶持，促进产业结构升级，成为推动眼镜行业高质量发展不可或缺的力量。

（3）开展眼镜产品认证是符合国际通行的贸易便利化的要求

我国是全球的眼镜制造基地，在贸易流通环节，产品认证可以简化进入市场程序。当前，我国企业的人力、物流、管理等成本持续攀升，严重挤压企业利润空间，这一点在眼

镜制造领域表现得更为突出。开展眼镜产品认证，能够减少重复检验和市场运营成本，获得市场的通行证，快捷便利。

第三节 发展趋势

一、产业政策

政策支持力度不断增强，将推动镜片行业健康有序、快速发展。2018年，儿童青少年近视防控上升为国家战略，全国各地纷纷出台行动方案，并将近视防控纳入指标考核。《眼镜行业“十四五”高质量发展指导意见》(以下简称《指导意见》)指出，“十三五”期间，我国眼镜行业经济运行稳中向好，行业结构不断优化，创新能力持续增强，集群优势综合体现，质量标准成效显著，国际竞争能力提升，人才建设不断加强，我国眼镜大国地位稳步提升。《指导意见》也为“十四五”眼镜行业高质量发展定下了目标：保持行业发展稳中加固，结构调整取得明显成效，自主创新能力明显增强，标准体系建设进一步健全，产业布局进一步完善和优化，绿色企业建设达到新水平，推进品牌战略取得新进展，国际合作竞争新优势明显提升。2016—2023年我国眼镜行业相关政策见表1–6。

表1–6 2016—2023年眼镜行业相关政策

时间	相关政策	主要内容
2016年	轻工业发展规划(2016—2020年)	1. 在皮革、工艺美术、五金制品、日用陶瓷、自行车、钟表、日用玻璃、眼镜等行业，推出一批科技含量高、附加值高、设计精美、制作精细、性能优越的精品； 2. 推动眼镜工业向高品质、轻质化和时尚化方向发展。加快光学性能优化、材料轻质化、表面增强、抗损自洁等核心技术研发和应用。重点发展以矫正视力为主，适合不同年龄群体需求，具有护眼、保健、时尚、智能等功能的产品。提高生产过程的自动化、智能化水平； 3. 增强超高光折射率聚氨酯镜片原料合成技术，高光学性能聚氨酯镜片表面改性与加硬技术

续表

时间	相关政策	主要内容
2016年	关于加强儿童青少年近视防控指导意见	1. 加强宣传教育，增强健康用眼意识。强调通过多层次、多角度的宣传教育，培养儿童青少年良好的用眼习惯； 2. 注重早期发现，采取有效干预措施。通过基层卫生医疗机构、托幼机构、中小学校等渠道的视力筛查工作，实现儿童青少年的近视早发现、早干预； 3. 实施科学教育，营造良好用眼环境。保障各项教学设施和条件，减轻学生课业负担，为学生提供视力保护的环境支持； 4. 加强人才培养，提供优质保健服务。加强儿童青少年视力保护科学研究； 5. 加强组织领导，建立综合防控机制。建立共同推进儿童青少年近视防控工作机制，将儿童青少年近视防控工作纳入相关卫生、教育发展规划
2018年	综合防控儿童青少年近视指导意见	为贯彻落实习近平总书记关于学生近视问题的重要指示批示精神，切实加强新时代儿童青少年近视防控工作，教育部会同国家卫生健康委员会等八部门制定了《综合防控儿童青少年近视实施方案》，强调：严格监管验光配镜行业，不断加强眼视光产品监管和计量监管，整顿配镜行业秩序，加大对眼镜和眼镜片的生产、流通和销售等执法检查力度，规范眼镜片市场，杜绝不合格眼镜片流入市场
2018年	贯彻落实《综合防控儿童青少年近视指导意见》行动方案	1. 严格监管验光配镜行业，不断加强眼视光产品监管和计量监管，整顿配镜行业秩序； 2. 加大对眼镜和眼镜片的生产、流通和销售等执法检查力度； 3. 规范眼镜片市场，杜绝不合格眼镜片流入市场； 4. 研究建立与眼镜相关的认证制度，严格眼视光产品实验室资质认定
2019年	儿童青少年近视防控适宜技术指南	呼吁全社会共同关注儿童青少年的视力健康；为各级儿童青少年近视防控技术人员提供标准型指导文件
2021年	眼镜行业“十四五”高质量发展指导意见	以科技创新、“三品战略”、产业集群建设等为抓手，进一步提升眼镜行业可持续发展能力，努力提高全民视力健康水平，推动我国由眼镜大国向眼镜强国不断迈进
2021年	学前、小学、中学等学段近视防控指引	分学前、小学、中学3个学段，进一步明确不同学段儿童青少年近视防控要点，着力提高儿童青少年用眼行为改进率和近视防控知识知晓率
2022年	“十四五”全国眼健康规划（2021—2025年）	着力加强眼科医疗服务体系建设、能力建设、人才队伍建设，持续完善眼科医疗质量控制体系，推动眼科优质医疗资源扩容并下延。有效推进儿童青少年近视防控和科学矫治工作，进一步提升白内障复明能力，逐步提高基层医疗卫生机构对糖尿病视网膜病变等眼底疾病的筛查能力，推动角膜捐献事业有序发展
2023年	防控儿童青少年近视核心知识10条	当代少年儿童是实现第二个百年奋斗目标，建设社会主义现代化强国的生力军。当前，我国儿童青少年近视呈早发、高发态势，已经成为影响儿童健康和全面发展的突出问题。近视可防可控不可逆，要做到早预防、早发现、早干预

经过3年多的近视防控探索，我国眼镜行业在多方利好政策加持下，群策群力，从上游企业开始创新研发近视防控新产品，到下游零售企业发挥渠道和门店优势、积极融入视力筛查工作，探索视光服务新模式，各自在近视防控的领域发力。未来，视力矫正需求及儿童青少年近视防控形势将催生相关功能性镜片的市场需求，眼镜行业将再一次迎来发展机遇。

二、发展趋势

随着传统制造业的技术改造，自动化、智能化装备水平的提升，消费结构在不断优化升级，消费新业态、新模式在快速更迭，工业、商业融合升级，传统行业迎来了新的发展生机。眼镜行业是传统的劳动密集型产业和民生产业，兼具高科技、时尚、健康服务特征，必将率先加入这个快速发展的赛道。坚持以建设“眼镜强国”目标为引领，推进产品结构调整，未来眼镜行业多元发展，趋于轻质安全、功能化、智能化的产品。

1. 推进眼镜行业细化分类，产品多元化发展

随着科学技术的发展、产业结构的调整优化、产业链的不断细化，镜片材料、镜架材料、制造工艺、镜架设计等不断分工细化，整个眼镜产业变得更加完整有序。消费者早期需求比较单一，配镜主要是为了矫正视力问题，对眼镜的款式、材质等没有过多的要求。随着消费水平的增长，居民消费需求越来越多元化、个性化，眼镜的装饰功能在年轻群体中不断凸显，助推了眼镜行业的发展。未来，眼镜将根据使用场合、消费者年龄、产品功能、个性喜好等进行更加细致的分工，如学生眼镜、时尚眼镜、商务眼镜、休闲眼镜、个性眼镜、太阳镜、蓝光防护眼镜、电脑护目镜、夜视镜、电竞游戏护目镜等，以中高端轻时尚眼镜、太阳镜的需求为主，为眼镜行业开辟了新的增长点。

2. 加快新技术、新材料的开发革新

《轻工业发展规划（2016—2020年）》分别从开发的关键技术、重点发展的产品和改造升级的内容等方面明确各行业的发展方向。其中，眼镜工业向高品质、轻质化和时尚化方向发展，加快光学性能优化、材料轻质化、表面增强、抗损自洁等核心技术的研发和应用，重点发展以矫正视力为主，适合不同年龄群体需求，具有护眼、保健、时尚、智能等功能的产品。《眼镜行业“十四五”高质量发展指导意见》围绕行业新定位，指引行业加快转型升级，进一步推进行业“科技、健康、绿色、时尚”的高质量发展，解决民生多层次视觉健康、时尚消费需求。

（1）技术方面

优先进行与儿童青少年近视相关的防控技术研究，开发功能化树脂材料和镜片，包括六大品类多功能镜片：清晰品类、有害光防护品类、光敏感防护品类、抗疲劳品类、青少年近视管控品类、成人渐进品类。重点是超高折射率、多效健康防护、时尚和智能化。

（2）材料方面

重点研究材料功能化、生产过程绿色化、材料来源生物化眼镜片，提高镜片的光学设计和光学加工能力（非球面镜片、渐进多焦点镜片制造技术，高档镜片镀膜技术，高折射率树脂镜片的生产技术），推进高功效近视控制镜片和角膜接触镜材料的研究，加快对高性能、轻质、环保等特性的镜架新材料研发和应用。

（3）视光技术方面

推进视光技术与传统验配的结合与应用，参与实体店视光服务体系建设，提高消费者眼视力综合矫正和健康水平。

3. 加速眼镜产品智能化

智能眼镜是最被看好的可穿戴智能设备之一。如同智能手机一样，智能眼镜拥有独立的操作系统，可以通过软件安装来实现各种功能，具有使用简便、体积较小等特点。随着科学技术的发展和应用，智能眼镜搭配矫正视力的功能化护目镜片，将是镜片行业的快速增长点之一，也或将是智能科技产品的重要增长点。

三、行业前景

我国拥有7亿近视人口，眼镜产品消费市场潜力巨大。据世界卫生组织调研，全球范围内至少有22亿人存在视力问题，其中至少有10亿人因未采取有效的预防措施或未得到及时的干预、治疗而导致视力受损。在整体受众规模极为庞大的背景下，我国的眼镜消费市场有较大发展空间。

1. 眼镜行业继续保持平稳有序发展

一方面，随着消费者视觉健康和时尚意识的不断增强，消费升级。人们由过去能够买到转为追求品质，眼镜不仅要解决“看得清”的基本需求，还需提升个人形象等；消费诉求转变，即从一味地追求简单的视力矫正和产品低价格，转变为越来越重视眼镜的品质、质量、功能和佩戴的舒适性。眼镜的装饰功能进一步凸显，尤其是年轻消费群体注重季节性、场景化、功能化搭配。眼镜消费呈现一人多镜、消费频次增加。另一方面，随着材料研发和工艺技术的不断改进，眼镜制造新工艺、新技术不断涌现，眼镜产品不断推陈出新，眼镜产品更新换代步伐加快，推动眼镜消费市场的升级换代。在我国，在人口老龄化程度加剧和青少年近视率攀升等因素的共同作用下，眼镜产品市场持续扩张，加上政策、经济、社会、技术的加持，未来我国眼镜行业尚有较大的持续成长空间，仍将保持平稳有序发展。

2. 线上零售协同线下服务，打开新的营销模式

当下，线上零售对眼镜实体造成一定冲击。眼镜行业供应商积极探索线上零售新形式，如利用直播、眼镜穿搭教程的形式吸引流量，由线下零售店承载流量并通过多样化服务与客户发生交互，优化消费者购镜体验；通过健康用眼培训、视觉康复训练等教学形式，吸引流量并传导至线下实体店、眼科医院和眼视光诊所，通过专业验光服务、真实体验与线上活动和知识相衔接，形成购镜消费者流量转化闭环，打造线上线下一体化的经营模式，由此激发消费。这个销售模式已得到相当一部分消费者认可，值得眼镜企业尝试和推进。

3. “国货潮流”帮助培养眼镜市场消费自信

随着国内生产技术的提升，传统文化的宣扬与复兴，消费者对国产品牌和质量的认知逐渐增加，国货消费自信逐步建立起来。目前有调研数据显示，消费者认同进口镜片比国产镜片质量更优的比重为34.4%。尽管有一部分消费者对国产镜片的质量存疑，但消费者的“国货意识”日渐强烈，选择国内产品的比重持续提高。在此背景下，国内头部企业的销量加速挤占国际品牌。2022年，以万新、明月光学领跑的眼镜片市场，销售量排行前5位均为国内厂商，总销量占行业的49.3%。因此，眼镜行业可以顺应市场潮流，把握销量优势，转变以价换量的销售思维，乘势而上宣扬国产镜片的价量优势和专业程度，进一步消除消费者认知误区，培养消费者的品牌自信。

4. 数字化转型有望推动眼镜行业变革

“数字经济”已经成为中国经济增长的新引擎。近年来，政府部门及社会各界对数字化转型极为关注。眼镜行业同样身处于数字化浪潮之中，在数字化时代的大背景下，眼镜零售业的“连接”价值尤为关键。一方面直接面对消费者，积累了用户验光视力信息以及用户对镜片的核心需求、佩戴习惯、更换周期等数据，向上能够连接生产端，指导上游厂商的研发、设计、生产、供货等行为；另一方面可以连接医疗、制药、人工智能企业，通过大数据引入新技术、拓展新业务，使用户在零售端得到更优质、更全面的专业服务，推动眼镜零售端及整个眼镜产业的数字化转型。

第二章

产品认证和服务认证

第一节 认证的起源与发展

一、认证发展历程和意义

（一）认证产生的背景

认证起源于市场交易中对质量和信用保证的需要。早在远古时代，制作的石器不仅要按照不同的功能和用途进行分类，还要对加工的产品进行简单的质量检验和评价。随着社会的不断发展，人们对生活质量和生产技术的追求日益增长，对各种器物提出了更高的制作标准和质量要求，从而催生了标准、计量和合格评定的萌芽。到了春秋时期，制造者把名字刻到器物上面，方便质量的追溯。同为古代文明古国的古埃及、古巴比伦、古印度，也开启了对贸易、生产等方面进行质量管理的先河。

随着19世纪60年代后期第二次工业革命开始，产品的结构和性能日趋复杂，第一方的自我声明和检验不足以传递商业信任和证明商品质量，在这种情况下，产生了需方对供方质量保证能力的评价（或称为二方评价）。随着工业生产的发展和市场经济的逐渐繁荣，工业技术的复杂程度和可怕威力使人们难以驾驭，随之而来的电器失火、锅炉爆炸等大量灾难的发生，使人们逐渐意识到，第一方和第二方评价由于受到评价技术和各方利益的影响存在一定的局限性，独立于供需双方，不受任何利益制约的第三方成为市场的需求。

（二）认证的发展历程

1. 认证对象

从认证评价的对象属性出发，认证经历了由产品认证向管理体系认证到服务认证的发展过程。

（1）产品认证

现代的第三方产品认证制度始于英国，是第二次工业革命的结果。因英国市场上存在不同规格的电车轨道，严重影响了交通运输的建设发展，1903年，英国工程标准委员会首先制定了轨道标准，在符合标准的铁轨上使用“风筝”标志；1919年，英国政府颁布了《商标法》，规定经过第三方机构检测认证合格的产品方可使用，即证明产品符合英国BS标准，这就是最早的产品认证制度。除了英国的BS认证之外，法国的NF国家标志、德国的DLN检验和监督标志、德国电气工程师协会的VDE标志、日本的JIS标志、美国保险商实验室的UL标志以及后来的欧洲CE标志，均为规范市场秩序、维护消费者利益、推广和保护名牌产品、提高产品质量作出了巨大的贡献。

（2）管理体系认证

随着工业品需求量的日益加大，消费者对产品的安全性、可靠性和一致性要求越来越高。随着工业的发展，生产者对产品质量和安全提出了更高的要求，有必要在生产过程中建立质量管理体系并进行有效运行，因此，工厂检查作为合格评定手段随之出现。1959年，美国国防部向下属军工企业提出了质量升级保证要求，形成了现代质量管理体系的雏形，随后这种管理方法逐步推广到了民用领域。1979年，英国标准协会（BSI）制定了BS 5700质量保证国家标准，开启质量管理体系认证。1987年3月，国际标准化组织正式发布了ISO 9000系列标准，各国认证机构开始开展质量管理体系认证。

（3）服务认证

随着全球经济的蓬勃发展以及服务业的逐渐兴起，消费者愈发重视在交易过程的自身感受。ISO 9000系列标准在促进服务业经济发展、保护消费者利益方面发挥了重要作用，仍旧无法满足企业对于市场竞争地位的预期。各国从服务质量和顾客感知出发，制定服务标准，开始实施服务认证。国际上开展的服务认证主要把服务作为产品，依据产品认证的思路和方法制定服务认证标准，在测试方法上通常采用满意度、调查问卷、神秘顾客等方法进行验证。法国是世界上最早开展服务认证的国家。1994年，法国标准协会（AFNOR）开始开展“NF服务标志认证”，涵盖旅游业、交通运输业、咨询业、教育培训业、商务服务业、建筑服务业、房地产业等行业，涉及顾客关系中心服务、业务培育服务、旅馆服务、旅行社服务、房屋租赁服务等140个项目。目前，国际上比较知名的服务认证有保柏认证、JCI认证、ASQA认证、SKYTRAX认证、COPC—2000认证、QualiCent认证等。保柏认证和JCI认证均为医疗领域的服务认证，用于评估医院的服务质量和管理水平，其中JCI标准是全世界公认的医疗服务标准，也是世界卫生组织认可的认证模式。ASQA认证和SKYTRAX认证为航空领域的服务认证，用于评估机场或者航空公司服务等级。COPC—2000认证和QualiCent认证主要用于评估企业服务质量管理体系，其中QualiCent认证是在服务质量方面全球最受认可的认证。

2. 认证范围

从认证体系的覆盖范围看，认证经历了国家认证体系到区域认证体系再到国际认证体系的发展过程。

（1）国家认证

自从英国使用“风筝”标志后，各个国家纷纷效仿，相继建立了自己的认证体系。例如，1906年，美国保险商实验室公示开始实施UL认证；1929年，丹麦标准协会注册了DS认证标志；1937年，瑞典标准化委员会注册了SIS标志；1938年，法国颁布法令建立NF认证制度；1949年日本实施JIS认证。

（2）区域认证

为避免重复认证，国际组织倡导各国采用统一的标准和规则，实现认证结果的互认，区域认证逐步开展起来。1976年，欧洲标准委员会的电工部门与欧洲电气标准协调委员会合并成立欧洲电工标准委员会（CENELEC），开展欧盟CE指令认证；1981年，海湾阿拉伯国家合作委员会（GCC）成立，现成员国包括阿联酋、阿曼、巴林、卡塔尔、科威特、沙特阿拉伯和也门7国，具有GCC标识的产品可以更加快捷地在GCC成员国之间流通和交易；2015年欧亚经济联盟（EAEU）成立，常设机构欧亚经济委员会颁布了统一的技术法规和认证程序；1967年，东南亚国家联盟（ASEAN）成立，现有文莱、柬埔寨、印度尼西亚、老挝、马来西亚、菲律宾、新加坡、泰国、缅甸、越南10个成员国，2020年东盟开始启动统一认证计划；另外，还有以美国UL标志和加拿大CSA标志为基础的联合认证。

（3）国际认证

另一方面，国际组织逐步开发国际标准和认证评定体系。国际电工委员会于1981年建立了电子元件质量评定体系，于1985年建立了电工产品及元件测试和认证体系（IECEE），采用IEC标准为认证标准。1987年，ISO 9000系列标准发布后，ISO 9000证书迅速成为国际贸易的“通行证”，ISO和IEC于1995年提出并建立了质量体系评定国际承认制度（QSAR）。

（三）认证的意义

认证具有“一个本质属性”“两个典型特征”“三个基本功能”。本质属性为“传递信任，服务发展”，表现出“市场化”“国际化”两个典型特征，被称为质量管理“体检证”、市场经济“信用证”、国际贸易“通行证”。

市场经济本质上是信用经济，一切市场交易行为都是市场主体基于相互信任的共同选择。获得第三方的认证认可，能够显著增进市场各方的信任，从而解决市场中的信息不对称问题，有效降低市场交易风险。

认证认可起源于市场、服务于市场、发展于市场，广泛存在于产品和服务等市场交易活动之中，能够在市场中传递权威可靠信息，建立市场信任机制，引导市场优胜劣汰。市场主体采用认证认可手段，可以实现互信互认，打破市场和行业壁垒，促进贸易便利化，减少制度性交易成本；市场监管部门采用认证认可手段，可以加强质量安全监管，优化市场准入和事中事后监管，规范市场秩序，降低监管成本。

认证认可是依据标准、法规等要求，运用多种质量管理方法对企业生产经营活动是否合乎标准规范进行诊断和改进的过程，是加强全面质量管理的有效工具。通过认证认可活动，能够帮助企业识别质量控制关键环节和风险因子，持续改进质量管理，不断提高产品和服务质量。

1. 产品认证的意义

实行产品质量认证的目的是保证产品质量，提高产品信誉，保护用户和消费者的利益，促进国际贸易和发展国际质量认证合作。其意义具体表现在以下几方面：

（1）有利于提高商品质量信誉和在国内外市场上的竞争力

商品在获得质量认证证书后，可以在激烈的国内国际市场竞争中提高自己产品质量的可信度，有利于占领市场，提高企业经济效益。

（2）提高产品的质量水平，全面推动经济的发展

产品质量认证制度的实施，可以促进企业进行全面质量管理，并及时解决在认证检查中发现的质量问题；通过国家对产品质量有效的监督和管理，促进产品质量水平不断提高。

（3）指导消费，保护消费者利益

随着技术的进步，产品的科技含量越高，功能复杂和多样化的程度越高，但是消费者在选购商品时缺乏鉴别能力，难免会上当受骗，质量认证是以标准和检验数据为依据，经过第三方机构提供公正可靠的质量信息，被认证的产品受认证机构和消费者的双重监督。消费者购买商品时，可以从商品及其包装上的认证标志中获得可靠的质量资讯，经过比较和挑选，购买到满意的商品。有利于企业适应不断变化的内部和外部环境，持续改进产品和质量管理体系的有效性，使企业得以不断发展和取得更好的效益。

2. 管理体系认证的意义

随着全球生产技术的提升，国际市场日渐规范，品质竞争成为国际贸易竞争的主要手段，因此，很多国家提高进口商检标准，作为保护自有商品市场持有率的措施。按照国际间经济合作和技术交流的惯例，实施管理体系认证，实现统一认证规范的互相认可，顺应国际和国内在各领域的不同要求，能够有效地促进各国经济协调和持续发展。

管理体系认证为世界各地的企业带来了许多收益，尤其对于发展中国家的中小型企业，建立可靠的管理体系，能够在全球市场获得更多的竞争机会。

①强化企业自身品质管理，提高全员质量意识，从而提高企业效益。

②与国际接轨，打开国际市场，消除了国际贸易壁垒。

③有助于市场开拓和业务发展，质量体系认证作为合作方的评价输入，能够快速取得消费者或者其他合作方的肯定与信任。

3. 服务认证的意义

服务认证的作用是由认证认可的本质属性所决定，认证认可的基本功能有三：一是通过专业化的合格评定，确认标准和技术规范的要求得到满足；二是通过有公信力的公示性证明，传递相关信息，建立需求方对认证认可对象的信任；三是为企业提供持续改进的动力与措施。

（1）对企业的作用

通过符合性评定与对企业服务特性的深度挖掘，提供给企业以改进服务的信息，激发企业提升服务质量和管理水平，争做行业标杆，提升市场竞争力。

（2）对消费者的作用

消费需求伴随着社会经济的发展逐步走向高端化与多元化，而服务业蓬勃发展的同时也出现了良莠不齐的现象，这就需要消费者在选择服务时进行辨别。服务认证可以通过对顾客需求的诊断，来保证顾客最关心的关于服务质量的问题被纳入评价体系，引导顾客选择通过认证的服务提供者，以保证服务质量和自身合法权益。

（3）对政府的作用

通过认证认可对行业的标准进行评定，为政府了解产业发展现状、制定产业政策提供依据，为政府监管提供了有效手段，提升管理能力和效率。同时，随着服务贸易的日渐发展，我国的服务业要走出国门，实现从服务业大国向强国转变。我国服务业要与国际对标，并争创国际知名品牌，提升国际竞争力，需要发挥服务认证的国际化优势，助推我国服务业走向国际市场。

二、我国认证制度解析

（一）我国认证产生的背景

改革开放初期，我国尚未建立符合国际惯例的认证制度，国内产品的质量得不到国际上的认可，在国际贸易中蒙受了很大的经济损失。我国部分企业由于不了解各国认证制度的要求，出口商品打不进国际市场，即使进入国际市场，其销售价格也远低于当地的认证产品。另外部分企业也不得不花费大量的外汇获取国外机构出具的检测报告，从而申请国外认证，大大提高了生产成本。因此，建立我国自己的认证认可制度，按照国际惯例和通行规则开展产品、体系和服务认证，消除我国与他国贸易之间的技术壁垒成为当务之急。为了使国内的企业尽快融入国际经济贸易体系中，中国积极加入相关国际组织，并着手建立认证认可制度，组建工作机构，制定相关政策和管理法规。

（二）我国认证的发展历程

1978—2001年，中国先后成立了10多个认证机构和认可机构，这些机构的成立与运作，对于推动我国认证认可工作的开展、推广，进而走向国际市场起到了积极作用。1981年，我国成立了第一个产品认证机构——中国电子元器件质量认证委员会（QCCECC），标志着中国认证正式起步；1983年，QCCECC成为IECQ认证管理委员会成员。1984年，我国第二家认证机构——中国电工产品认证委员会（CCEE）成立，对经认证合格的电工产品授予使用“CCEE标志”（后改为长城认证标志）；1985年，我国对电线电缆产品实行强制性安全认证，产品认证合格后加施“CCEE标志”。1989年，国家推行进口商品安全质量许可制度。1988年，《中华人民共和国标准化法》颁布，明确我国实施质量认证工作的法律层面要求，国家技术监督局改为国家质量技术监督局，组建认证与实验评审管理司，确立了认证工作的法律地位。

1991—2001年，我国进入全面推行认证阶段。国务院于1991年颁布了《中华人民共和国产品质量认证管理条例》，于1992年发布了规范质量认证的《中华人民共和国产品质量认证管理条例实施办法》《产品质量认证委员会管理办法》《产品质量认证检验机构管理办法》《产品质量认证质量体系检查员和检验机构评审员管理办法》《产品质量认证证书和认证标志管理办法》5个规章。1992年7月，国家质量技术监督局宣布成立质量认证办公室；1993年2月，《中华人民共和国产品质量法》颁布，明确质量认证制度为国家的基本质量监督制度。中国认证认可制度逐步进入法治化轨道。1994年，我国开启了认证机构认可制度，并成立实验室评审管理办公室。1993年，我国认证机构颁发了第一张质量管理体系认证证书，之后随着环境、职业健康安全等管理体系证书陆续发放，各类管理体系认证工作逐步在全国开展起来。

2001年8月，国家认证认可监督管理委员会（以下简称“认监委”）成立，标志着我国质量认证体制跨入了新阶段。2003年，国务院颁布了《中华人民共和国认证认可条例》，自此，中国的认证认可工作进入国家统一管理，全面规范化、法治化阶段。2006年3月31日，中国合格评定国家认可委员会（CNAS）正式成立。CNAS在原中国认证机构国家认可委员会和原中国实验室国家认可委员会基础上整合而成。2011年3月，《中华人民共和国国民经济和社会发展第十二个五年规划纲要》发布，首次将认证列为服务业的重要门类，突出认证在节能、低碳、食品安全和信息安全等基础领域的重要保障作用。2016年5月，《中华人民共和国国民经济和社会发展第十三个五年规划纲要》发布，进一步提出强化认证认可体系建设，发展检验检测认证产业的要求。在此基础上，中国的认证证书颁发量急速攀升，认证领域迅速扩展。

目前，中国认证处于高质量发展阶段，所有国民经济门类和社会各个领域都已经全面推行质量认证制度，覆盖产品、服务、管理体系、人员等认证类型，满足各方面需求。

（三）认证活动的监督管理

监督活动是管理工作的重要组成部分，是保证制度实施的有力武器。认证认可工作监督的对象主要有认证机构、认可机构、检查机构、实验室、与认证活动有关的组织、企业以及从事认证活动的人员等。凡是与认证认可活动有利益关系的主体都是实施监督管理的对象。监督的内容主要包括对认证认可活动的真实性、有效性以及各方执行和遵守条例的情况所进行的监督管理。目前，我国已建立的认证认可活动监督制度有报告制度、询问制度、举报制度、自律制度等。

（1）报告制度

报告制度规定认证机构、认可机构、检查机构、实验室、与认证活动有关的组织，要定期或者不定期地向认证认可监督管理部门报告。认证认可监督管理部门应当重点对指定的认证机构、检查机构、实验室进行监督，对其认证、检查、检测活动进行定期或者不定期的检查。指定的认证机构、检查机构、实验室，应当定期向认证认可监督管理部门提交报告，并对报告的真实性负责；报告应当对列入目录产品实施的认证、检查、检测活动的情况作出说明。认可机构应当定期向认证认可监督管理部门提交报告，并对报告的真实性负责；报告应当对认可机构执行认可制度的情况、从事认可活动的情况、从业人员的工作情况作出说明。认证认可监督管理部门应当对认可机构的报告作出评价，并采取查阅认可活动档案资料，向有关人员了解情况等方式，对认可机构实施监督。

（2）询问制度

认证认可监督管理部门根据需要，对认可机构、认证机构、检查机构、实验室的负责人，就有关的事项进行询问，主要的目的是通过询问及时发现问题，并对不当的行为予以告诫。询问应是经常性或者例行的询问，并非其出现问题和过错后进行的质询。所谓根据需要，就是根据监督管理工作的需要，比如在一个时期，监督管理工作的重点是检查认证机构活动情况，对认证机构负责人的询问就会相对集中地进行。询问制度也不排除认证认可监督管理部门发现有关机构出现问题后进行的调查核实。认证认可监督管理部门就有关事项向认可机构、认证机构、检查机构、实验室的主要负责人进行询问，有两个方面的目的：一是在询问过程中，了解有关情况，贯彻法律、行政法规或者给予政策上的指导，做到未雨绸缪；二是通过询问，发现问题，如果这些问题尚构不成违法，则予以警告或告诫，其应当及时改正，避免违法行为的发生。

（3）举报制度

举报制度是一种行之有效的社会监督手段，是建立认证认可社会监督机制的具体措施。举报权利人为“任何单位和个人”，举报受理部门为“认证认可监督管理部门和地方认证认可监督管理部门”，举报的事项为“认证认可违法行为”。任何单位和个人对认证认可违法行为，均有权向认证认可监督管理部门和地方认证认可监督管理部门举报。认证认可监督管理部门和地方认证认可监督管理部门应及时调查处理，并为举报人保密。

（4）自律制度

加强政府对认证认可活动的监督是保证认证认可活动规范有序的一个重要方面，而另一个重要方面，就是要鼓励和倡导从事认证认可活动的机构与人员的行为自律。在认证认可活动中的各个重要环节，都明确规定了机构和人员的行为自律准则。把外部监督与自我监督很好地结合起来，不仅能够减少政府监督所消耗的行政成本，更重要的是能充分发挥两种监督的互补性作用，为认证认可工作和活动的发展创造良好的环境和条件。认证认可监督管理部门采取组织同行评议，向被认证企业征求意见，对认证活动和认证结果进行抽查，要求认证机构以及与认证有关的检查机构、实验室以报告业务活动情况的方式，对其遵守规定的情况进行监督。发现有违反规定的行为，及时查处，并将违规情况及时通报有关部门。

（四）认证在我国的地位和作用

认证是国际通行的规范和促进经济发展的重要手段，是企业提高产品质量、服务和管理水平，确保产品和服务质量，从而提高市场竞争力的可靠方式，是国家从源头上确保质量、安全、规范市场行为、指导消费、保护环境、保护人民生命健康、保护国家经济利益和安全、促进对外贸易的重要保障，同时也是国家对涉及安全、卫生、环保等方面的产品、服务、管理体系进行有效监管的手段。

（1）面向市场主体引导提质升级，增加市场有效供给

通过认证认可的传导反馈作用，引导消费和采购，形成有效的市场选择机制，督促供方企业提高自身管理水平和产品、服务质量，增加市场有效供给。

（2）面向政府部门支撑行政监管，提高市场监管效能

认证为政府监管提供技术支撑服务，进一步发挥技术基础作用、扩大政府部门对认可结果采信。规范资质认定技术评价的流程，强化技术要求和时限控制，深化和完善CCC行政监管与认可监督的联动机制；通过第三方实行间接监管，可以减少对市场的直接干预，将政府主要精力从全面监管数以亿计的微观企业上转向对认证认可机构的重点监管，借助认证认可机构将监管要求传导到企业身上，达到“四两拨千斤”的效果。

（3）面向社会各方推动诚信建设，营造市场良好环境

产品和服务本质上就是供方对顾客应履行的承诺。顾客、消费者、用户和政府对产品或服务的质量、环保、安全性、可靠性、兼容性、互操作性、效率和有效性等特征都有期望，认证是证明这些特征符合标准法规及其他规范要求的过程。简而言之，认证认可有助于确保供方提供符合承诺的产品和服务。政府将企业认证信息作为诚信评价和征信管理的重要依据。健全市场信任机制，通过强制认证手段起到源头把关，净化市场准入的作用。通过认证认可向市场提供独立公正、专业可信的评价信息，形成公平透明的竞争环境，帮助消费者识别优劣，起到规范市场，引导市场优胜劣汰的作用。

（4）面向国家市场促进规则对接，提升市场开放程度

认证作为国际通行的质量管理和技术能力评价手段，其作用越来越明显。而签署国际互认协议国家的认可结果，也得到越来越多国家和行业的利用与采信。近年来，我国不断加强国际交流与合作，在国际活动中，积极参与制修订认可相关的国际标准、技术政策、准则规范、评价要求等高层次技术活动，提高了我国认可机构的国际地位和影响力。以国际认可论坛（IAF）为例。自1993年1月成立以来，IAF积极推进人员认证、食品安全管理体系、信息安全管理体系、医疗器械质量管理体系等新领域互认制度的建立。截止到2024年5月，IAF成员已增至128个，互认协议签约认可机构达95个。而在国际实验室认可合作

组织（ILAC）方面，包括 CNAS在内的44个认可机构，首批签署了检查机构认可互认协议，标志着检查机构认可正式纳入ILAC 互认范围。2024年6月，CNAS正式签署IAF审定与核查机构认可多边互认协议（MLA），标志着CNAS审定与核查机构认可结果实现了全球互认。采用国际通行互认的认证认可方式，可以避免内外监管不一致和重复，提高市场监管效率和透明度，有助于营造国际化营商环境。

第二节　我国产品认证概述

一、产品认证的概念

产品认证是由可以充分信任的第三方证实某一产品或服务符合特定标准或其他技术规范的活动。国际标准化组织（ISO）将产品认证定义为是由第三方通过检验评定企业的质量管理体系和样品型式试验，来确认企业的产品、过程或服务是否符合特定要求，是否具备持续稳定地生产符合标准要求产品的能力，并给予书面证明的程序。产品认证由产品认证机构实施。产品的规定要求一般包含在标准或其他规范性文件中，这些规定要求包括产品的性能、安全、互换性、可持续性等。产品认证是一种合格评定活动，它为消费者、监管机构、行业和其他相关方提供产品符合规定要求的信心。产品认证能在国家、区域、国际层面，促进产品贸易、市场准入、公平竞争和消费者认可。

二、产品认证的分类

迄今为止，国际上没有统一的产品认证分类，各国根据本国的认证实践和市场准入的需求采取不同的分类方法。我国经过多年的实践，目前按照认证制度建立分类。我国对于产品认证按性质分为强制性产品认证和自愿性产品认证。

（1）强制性产品认证

强制性产品认证是通过国家立法或政府颁布强制性指令等方式，对一些涉及人身健康、环境保护、安全等产品实施的强制性认证制度。在一些国家也称法规认证，是一种市场准入制度。

对属于强制性认证范围的产品，企业要提出申请，在指定的认证机构接受认证检验和检查，符合条件后认证机构会发放认证证书并允许其使用认证标志。

强制性认证的规定通常作为法律、规则或监管政策的一部分发布，由政府机构强制实施。认证规定可能出于安全、健康和环保的考虑而设立，其通常会对产品、服务、系统或制造工艺的设计、性能指标或其他特性做出具体规定。在许多国家，强制性认证的规定是由政府机构制定发布的。

为保证广大消费者人身安全和健康、保护环境、保护国家安全，原国家质检总局和国家认监委根据2001年12月3日公布的《强制性产品认证管理规定》（国家质量监督检验检疫总局令第5号），对首批列入目录的19类132种产品实行“统一目录、统一标准技术法规和合格评定程序、统一标志和统一收费”的强制性认证管理，并于2002年5月1日起实施。由政府主管部门指定第三方认证机构对列入目录的产品实施强制性认证。凡列入强制性产品认证目录内的产品，没有获得指定认证机构的认证证书、未按规定加施认证标志的，一律不得出厂、销售、进口或者在其他经营活动中使用。

随着产品的成熟程度和认证有效性的不断加强，强制性产品认证目录实施动态化调整，2023年，强制性产品认证目录已调整为16大类96种产品，并改变了原本单一的认证模式，引入了自我声明等多种认证模式，以适应产品和市场的不断变化和发展。

（2）自愿性产品认证

对于强制性产品认证制度管理范围以外的产品，企业可根据需要自愿向认证机构提出申请，通常称为自愿性产品认证。自愿性产品认证的主要作用是促进企业不断提高产品的性能和持续稳定地生产符合标准要求和顾客要求的产品的能力，从而提高企业的市场竞争能力，同时可以指导消费者选购性能良好的商品。

自愿性产品认证分为国家统一推行和机构自主开展两种。

国家推行的自愿性认证制度（又称为国推认证制度）由国家认证认可行政管理部门单独或会同国务院有关部门提出，按照统一的认证标准、实施规则和认证程序开展。国推认证制度是国家政策和市场需求相结合的产物，在社会治理体系中发挥重要的作用。例如，根据中共中央、国务院印发的《生态文明体制改革总体方案》和《国务院办公厅关于建立统一的绿色产品标准、认证、标识体系的意见》，原质检总局和国家认监委会同国务院及质检、发展改革、工业和信息化、财政、环境保护、住房城乡建设、交通运输、水利、农业、商务等有关部门：按照统一目录、统一标准、统一评价、统一标识的方针，将现有环保、节能、节水、循环、低碳、再生、有机等产品整合为绿色产品。绿色产品评价范围逐步覆盖生态环境影响大、消费需求旺、产业关联性强、社会关注度高、国际贸易量大的产品领域及类别，绿色产品市场认可度和国际影响力不断扩大，绿色产品市场份额和质量效益大幅提升，绿色产品供给与需求失衡现状有效扭转，消费者的获得感显著增强。

除国推认证制度外，还有由各认证机构提出并制定的产品认证实施规则和认证程序、认证技术规范，并经国家认证认可行政主管部门备案，由认证机构组织开展的自愿性产品认证制度。自愿性产品认证是认证认可服务经济发展、传递社会信任的重要形式。

三、产品认证发展趋势

强制性认证适用于关系到广大消费者健康和安全、动植物生命和健康、环境保护和公共安全的产品，由国家有关部门发布目录和规则，并指定认证机构实施，为关系到国计民生的产品质量保驾护航。但随着生活水平的不断提高，人民对物质生活需求不断增加，最基础的产品安全性已经不能满足社会和顾客对产品功能、效果日益增加的消费要求，而自愿认证正是解决此类突出问题的最佳方案。自愿认证适用于满足顾客和社会要求的产品合格认证，可以按特定目的、用不同认证制度与方案进行认证，更加突出产品的特点、特性、适用性，为消费者提供更优良的购物指导，是强制性认证的有益补充。

目前，我国自愿性产品认证在服务经济发展和社会治理方面的功能作用尚未充分发挥。加快发展自愿性产品认证工作，是促进认证认可高技术服务产业跨越式发展的战略选择，是提升认证认可工作整体服务能力的要求，是促进产品创新、产业升级、推动结构调整、绿色发展、引导消费，进而助力“中国制造2025”的必要举措。为实现我国自愿性产品认证工作多领域、多层次、多元化健康有序发展，国家认证认可监督管理委员会在广泛征求各方意见的基础上，按照创新、协调、绿色、开放、共享的理念，提出了加快发展自愿性产品认证的指导意见。推进产品质量提升行动，保障重点消费品质量安全，为产业结构调整提供技术服务支撑；适应互联网、物联网技术发展要求，适应智能制造技术发展要求，适应电子商务、智能物流配送发展要求，适应信息安全技术和产品发展要求，解决新兴产业发展中存在的问题；开发电子化、智能化、网络化认证标志标识应用技术，发掘认证需求、满足认证需求。发展自愿性产品认证，打造制度品牌和机构品牌，实现认证认可“传递信任、服务发展”的本质属性，是当前乃至今后一段时期认证认可事业发展的重心工作，只有社会各方面的高度重视和全员参与，才能使我国自愿性产品认证工作与经济社会发展节奏合拍，才能更加彰显认证认可的地位和作用，才能真正实现自愿性产品认证工作跨越式发展目标。

第三节 我国服务认证概述

一、服务认证的概念

服务是指至少有一项活动必须在组织和顾客之间进行的组织的输出，包括“服务提供者”“顾客”和“服务系统”三大要素。通常，服务由顾客进行体验，例如：在顾客提供的有形产品或者无形产品上所完成的活动（如汽车维修、银行业务办理），无形产品的交付（如培训），为顾客创造氛围等。

服务认证是由认证机构运用合格评定技术对服务提供者（组织）的服务及管理是否达到相关要求而开展的第三方证明，包括对服务的过程、结果、资源和控制等方面进行的符合性评估。基于认证模式，它由一种或多种认证模式组成，包括但不限于：

①服务特性检验或检测（统称测评），包括公开的和神秘顾客（暗访）两种。

②顾客调查（功能感知）。

③既往服务足迹检测（性能感知）。

④服务设计审核。

⑤服务管理审核。

二、服务认证的分类

我国依据GB/T 4754—2017《国民经济行业分类》对服务业进行了整合与创新采用，将服务业划分为：生产性服务、流通性服务、消费性服务和社会性服务。结合服务认证的特点和需求，兼顾国际服务认证业务的协调对应关系，我国服务认证分为以下几类。

1. 生产性服务认证

①农业、林业、牧业和渔业服务，包括农业服务（包括园艺美化）、畜牧业服务、林业及伐木相关服务、渔业相关服务。

②采矿业和采石业服务，包括采矿、采石、采油及采气有关服务。

③金融服务，包括金融中介、保险、金融及保险辅助、非金融机构支付服务。

④信息技术服务，包括软件开发、数据处理、计算机维护、系统集成、信息安全服务。

⑤科技服务，包括自然科学与工程研究及实验开发、社会科学和人文学的研究与开发实验、建筑与工程业务及其有关的技术咨询、软件过程能力及成熟度能力评估、技术试验分析。

⑥供电供气供水服务，包括电力传输、配电和供电、燃气的管道分配和供给、蒸汽及热水的供给、水的汲取、净化及供给。

⑦其他生产性服务，包括工业清洗；其他经营活动。

2. 流通性服务认证

①批发和零售服务，包括批发、零售、销售代理、汽车销售、商品售后服务。

②汽车、摩托车、个人及家庭用品修理服务，包括汽车保养和修理、个人及家庭用品修理、汽车玻璃零配安装、防爆电器检修服务。

③交通运输及仓储服务，包括铁路运输、陆上运输、管道运输、水运、航空航天运输、仓储。

④邮政、通信服务，包括邮政、速递、电信服务；信息传输服务。

⑤租赁服务，包括汽车出租、其他运输设备出租、其他机械设备出租、个人及家庭用品出租。

⑥其他流通性服务。

3. 消费性服务认证

①住宿和餐饮服务，包括宾馆饭店、野营场所及短期居住设施、餐馆、酒吧、食堂及外送饭菜的餐馆。

②文化、体育和娱乐服务，包括电影、电视、广播、艺术文学创作及鉴赏、游乐园、图书馆、博物馆、体育场馆运营、其他体育服务、健身服务。

③旅游服务，包括旅行社、景区服务。

④房地产、物业服务，包括房地产开发与销售、房屋出租、物业管理。

⑤其他消费性服务，包括家政服务、清洗干洗服务、美容美发。

4. 社会性服务认证

①公共管理服务，包括国家行政及国家经济及社会政策管理、国家行政活动、强制性社会保障。

②教育服务，包括初等教育、中等教育、高等教育、成人教育及其他教育/培训。

③卫生保健服务，包括医疗、兽医、保健服务。

④社会救济，包括养老院、福利院、救助中心。

⑤专业技术服务，包括法律、会计、审计、税务咨询；市场调查及民意调查等；经营和管理咨询；股权管理；人力资源服务。

⑥其他社会性服务，包括回收服务、污水及废物处理，环境卫生及类似的服务、成员组织服务、广告、职业介绍、安全保障。

三、服务认证的发展现状

服务业在我国国民经济中占有举足轻重的地位，随着服务业在国民经济中的地位和作用不断提高，服务标准作为服务认证的技术依据，随着服务标准化的发展而初具规模，服务业不再满足于仅通过ISO 9000质量管理体系认证，同时，服务业领域存在大量的管理不规范、服务质量良莠不齐的现象。2004年，我国开始服务认证的实践探索，陆续开展了绿色市场认证、信息安全服务资质认证、汽车玻璃零配安装服务认证和商品售后服务认证等工作。党中央、国务院对质量认证工作高度重视，2017年9月，《中共中央　国务院关于开展质量提升行动的指导意见》提出，要提高生活性服务业品质，促进生产性服务业专业化发展。2018年1月，《国务院关于加强质量认证体系建设促进全面质量管理的意见》提出“发挥自愿性认证‘拉高线’作用，大力推行高端品质认证；开展健康、教育、体育、金融、电商等领域服务认证，增加优质产品及服务供给”。随着国家政策的支持和推动，服务认证发展进入快车道。截至2022年7月，全国获批开展服务认证的机构达540余家，涉及商品售后服务、汽车零配件安装服务、养老服务、体育服务、物流服务等认证领域和认证项目，累计颁发服务认证有效证书5.8万余张。

目前，已经得到良好实践的部分服务认证项目简介如下：

1. 体育服务认证

体育服务认证是指由认证机构证明体育场所体育活动的组织与推广等服务，符合相关标准和技术规范要求的合格评定活动，是我国第一个服务认证项目。

2005年国家认监委启动了该项服务认证，2006年国家认监委和国家体育总局共同颁布了《体育服务认证管理办法》等系列配套文件和相应的各项认证技术规范，并批准成立了体育服务认证机构。

我国体育服务认证的依据有：GB 19079《体育场所开放条件与技术要求》系列标准、GB/T 22517《体育场地使用要求及检验方法》系列标准、GB/T 18266《体育场所等级的划分》系列标准、GB/T 19995《天然材料体育场地使用要求及检验方法》系列标准、GB/T 22185《体育场馆公共安全通用要求》、GB/T 29458《体育场馆LED显示屏使用要求及检验方法》、GB/T 28048《厅堂、体育场馆扩声系统验收规范》、GB/T 28049《厅堂、体育场馆扩声系统设计规范》、GB/T 28047《厅堂、体育场馆扩声系统听音评价方法》，以及由各体育服务认证机构自行制定的认证规则。

目前，我国整体的体育服务认证业务环境尚未成熟，认证制度设置本身是从体育场馆的环境、设施、管理等方面考虑，缺乏消费者体验的考量，并且体育服务认证的制度体系和管理机制也尚未完善，导致我国体育服务认证的发展并不尽如人意。从2006年至2022年7月，体育服务认证在我国处于认证实验阶段，有效证书数不足50张。

2. 商品售后服务评价体系认证

为了推动全国各行业售后服务制度的规范化和有序发展，把我国的消费市场推向服务标准化时代，2007年由商务部发文，国家认监委批准依据商务部SB/T 10401—2006《商品售后服务评价体系》开展第三方“商品售后服务评价体系认证”工作。售后服务认证是国家批准的第一个全国性全行业服务类认证。2011年底，国家标准GB/T 27922—2011《商品售后服务评价体系》正式发布，并于2012 年2月1日正式实施，使我国的市场经济法规化、制度化、系统化程度再次获得提升，提高了我国企业售后服务质量和水平。

自2007年以来，有700多家企业、20多个行业的代表性企业通过了商品售后服务评价体系认证，包括海尔、美的、三一集团、中国重汽、海澜之家、中通、雅迪、东风、爱玛等数百家上市公司和中国500强企业，以及来自美国、丹麦、日本、韩国等不同国家和中国台湾、中国香港等不同地区的大型跨国企业。

商品售后服务评价体系认证在社会上反响强烈，对消费者和市场影响深远。售后服务决定了重要的市场份额，售后服务直接决定着市场竞争力。售后服务认证是对市场环境的保护，使好的企业积极参与公平竞争，最终结果是让顾客满意、消费者放心，对国家经济发展作出贡献。

3. 金融服务认证

随着金融服务规模的不断增加，监管机构对金融产品和服务管理的手段需要不断完善，为提高我国金融行业服务质量，防范金融风险，以非金融机构支付业务设施技术认证为切入点，中国人民银行、认监委于2011年在金融行业建立服务认证制度。

经过几年的发展，目前金融行业认证业务已包括非金融机构支付业务设施技术认证、移动金融技术服务认证、金融密码应用服务认证、金融安全载体个人化生产企业服务能力认证、银行营业网点服务认证、银行卡清算组织业务设施技术认证、金融产品认证等。

通过认证，金融产品的质量安全得到持续加强，金融服务水平得到有效提升。

（1）非金融机构支付业务设施技术认证

该认证业务是通过对非金融机构的支付业务设施进行检测、认证审查等活动，评定其安全性和标准符合性，对符合要求的机构颁发证书，并在证书有效期内持续开展监督审核。目前主要获证机构有：支付宝、财付通、银联商务、拉卡拉、资和信等200多家机构。

（2）移动金融技术服务认证

该认证业务是对移动金融业务中涉及的可信服务管理系统、安全单元（SE）、客户端软件、嵌入式应用软件、安全芯片等进行认证，并对通过认证的机构颁发认证证书，在证书有效期内持续开展监督审核，确保移动金融相关产品和系统的持续标准符合性和安全性。目前中国银联、招商银行、宁波银行、华为、小米等机构的50多项产品服务已获得认证。

（3）银行营业网点服务认证

该认证业务依据为GB/T 32320—2015《银行营业网点服务基本要求》和GB/T 32318—2015《银行营业网点服务评价准则》两项国家标准，通过对银行服务管理和银行营业网点服务进行标准符合性评定，为银行营业网点服务改进提出意见和建议，以规范银行服务管理，促进银行营业网点金融服务水平的提高。认证范围包括商业银行的网点服务管理体系、网点营业场所相关设施及服务。

4. 养老服务认证

随着我国老龄化问题的日趋严重，人们对养老服务行业的期望值也在不断提高，养老服务已经逐步成为老龄化社会的基础性公共服务。2017年，按照党的十九大“积极应对人口老龄化，构建养老、孝老、敬老政策体系和社会环境，推进医养结合，加快老龄事业和产业发展”的精神，落实民政部、质检总局等六部门《关于开展养老院服务质量建设专项行动的通知》（民发［2017］51号）中“加快养老院服务质量标准化和认证建设。建立全面涵盖养老院服务质量的标准化和认证工作体系，探索开展养老院服务质量认证工作”要求，我国开始推进养老服务认证工作。

养老服务认证通过对养老机构的优势服务项目和特色服务项目开展认证，鼓励机构增加特殊服务项目，向社会和市场提供多样化、高水平服务选择，及时开展养老和医养结合服务水平和服务特色认证，向社会公布养老和医养结合服务认证结果，更好地满足老年群体多层次、多样化的服务需求增长，为百姓选择个性化养老服务项目提供第三方公正认证依据，能够充分激发养老服务市场潜力，不断提高我国养老服务水平，满足养老市场对养老服务多样化、专业化和层次越来越高的服务需求。

第三章

眼镜产品认证与配镜服务认证

第一节 视觉健康近视防控认证联盟

一、成立背景

儿童青少年是祖国的未来和民族的希望。近年来，由于中小学生课内外负担加重，手机、电脑等电子产品的普及，用眼过度、用眼不卫生、缺乏体育锻炼和户外活动等因素，我国儿童青少年近视率不断攀升，近视低龄化、重度化日益严重，严重影响孩子们的身心健康。

根据国家卫健委发布的儿童青少年近视专项调查结果，截至2023年，我国儿童青少年总体近视率为53.6%，呈持续增长状态；其中6岁以下儿童为14.5%，小学生为36%，初中生为71.6%，高中生为81%。此外，专项调查结果还显示，各地6岁儿童近视率均超过9%，最高可达19.1%；小学阶段近视率攀升速度较快，从小学一年级的12.9%快速上升至六年级的59.6%，平均每升高一个年级，近视率增加9.3个百分点，幼儿园和小学成为我国近视防控重点年龄阶段。

儿童青少年近视问题显然不是偶然的，其背后有着深刻的社会根源。中国突飞猛进的发展所依赖的技术进步、带来的产品供给、更新的生活方式，势必会产生某些社会效应。儿童青少年近视，正是这些社会效应的一个爆发点。就此问题，习近平总书记作出重要指示，青少年视力健康是一个关系国家和民族未来的大问题，必须高度重视，不能任其发展；要结合深化教育改革，拿出有效的综合防治方案，并敦促各地区、各有关部门抓好落实。习近平总书记强调，全社会都要行动起来，共同呵护好孩子的眼睛，让他们拥有一个光明的未来。

为贯彻落实习近平总书记关于学生近视问题的重要指示批示精神，切实加强新时代儿童青少年近视防控工作，2018年8月30日，教育部、国家卫健委、市场监管总局等八部门联合印发《综合防控儿童青少年近视实施方案》，系统性推进儿童青少年近视防控工作，要求各相关部门都要关心、支持、参与儿童青少年视力保护，在全社会营造政府主导、部门配合、专家指导、学校教育、家庭关注的良好氛围，让每个孩子都有一双明亮的眼睛和光明的未来。

质量认证是市场经济条件下加强质量管理、提高市场效率的基础性制度，作为国家质量基础设施的重要组成部分，已经成为建设质量强国、制造强国的重要抓手。基于《综合防控儿童青少年近视实施方案》，围绕大众视觉健康近视防控的需求，汇集整合国内近视防控领域涉及行业和产品，如视觉环境改善、眼视光检测、配镜技术服务和市场经营主体管理、人体功效学产品、电子产品等社会资源和产业资源，创新应用计量、标准、检测、认证等技术手段，推进视觉健康近视防控国家质量基础建设，并以认证联盟为驱动、以认证为载体，向社会传递可信任的高质量的产品和服务，具有重要的现实意义。

二、认证联盟

2021年4月23日，在市场监管总局的指导和支持下，全国首个视觉健康近视防控认证联盟在深圳正式成立，联盟标志如图3-1所示。认证联盟的成立，是市场监管总局贯彻习近平总书记关于学生近视问题的重要指示批示精神，落实教育部、国家卫健委、市场监管总局等八部门联合印发的《综合防控儿童青少年近视实施方案》的具体举措，也是我国视觉健康近视防控领域综合性认证制度建设与实施的重要平台。

认证联盟由深圳市计量质量检测研究院、北京中轻联认证中心有限公司以及中标合信（北京）认证有限公司共同发起，相关标准及实验室、社会团体、研究机构及企业成为第一批会员单位。作为全国首个针对儿童青少年近视防控，跨行业、跨领域成立的认证联盟，标志着我国质量认证体系建设由针对产品或服务的单一解决方案转向针对特定需要或问题的一揽子整体解决方案。认证联盟将综合运用计量、标准、认证认可、检验检测等质量基础设施，充分整合和发挥各成员单位优势，广泛连接行业资源，聚焦视觉健康和近视防控相关产品性能和服务质量，系统性解决视觉健康近视防控问题，并为全球近视防控工作提供中国优良实践。

视觉健康近视防控认证联盟

图3-1　视觉健康近视防控认证联盟标志

认证联盟发起单位简介如下。

1. 深圳市计量质量检测研究院

深圳市计量质量检测研究院（简称深圳检测院，英文缩写为SMQ）是由深圳市人民政府依法设立，经国家市场监督管理总局授权的法定计量检定和产品质量检验认证机构。致力于成为国内领先的顾问型质量技术服务整体解决方案提供商，建有本部基地（西丽、龙珠、龙华、光明、马田、观澜）、深检集团（东莞、绍兴），实验室面积超过11万平方米，有2000余名专业技术人员，获实验室认可/资质认定的资质9950项。

在视觉健康近视防控认证方面，深圳检测院在2019年12月国家市场监督管理总局组织召开的全国工业产品认证工作交流与推进会上，较早提出“构建近视防控认证体系，守护消费者用眼健康”理念，并从预防、控制两个方面深入研究，推出了健康照明产品、眼镜产品、健康显示屏产品和教室光环境等产品认证及验光配镜服务认证等项目，取得了较为广泛的市场认可。

2. 北京中轻联认证中心有限公司

北京中轻联认证中心有限公司（简称北京中轻联，英文缩写为CCLC）是具有独立法人地位的第三方认证机构。前身是原国家质量技术监督局批准，原轻工业部牵头组建的中国玩具产品认证委员会和中国电工产品认证委员会家用电器及照明电器分委员会秘书处。2002年被国家认监委重新批准并登记注册为“北京中轻联认证中心”，2021年6月按有关要求更名为“北京中轻联认证中心有限公司”，开展儿童用品、家用电器、电动自行车强制性产品认证、轻工产品自愿性认证等业务。

北京中轻联在眼镜等产品质量提升方面不断深耕，与全国眼镜光学标准化分技术委员会、中国眼镜行业协会协作等单位建立了紧密合作，探索了一系列眼镜产品质量提升方案，开发了眼镜产品及验光配镜服务认证等多个认证项目，在质量认证建设方面成效十分显著。

3. 中标合信（北京）认证有限公司

中标合信（北京）认证有限公司（简称中标合信，英文缩写为CSCA）成立于2010年，是集认证、科研、标准制定、国际合作、政策研究、咨询培训于一体，为政府和企业提供标准化与合格评定服务的综合性技术机构。构建了国内认证、国际认证、节能低碳技术服务、标准化与品牌咨询四大业务板块，独创的“互联网+”合格评定云平台，让相关方共享数据经济新理念，提升核心竞争力并奠定可持续发展基础。

中标合信联合中标院人类工效学实验室开创了中国人类工效学产品认证先河，它专注青少年视觉健康，基于多年人类工效学标准开发与认证实施的经验，开展了教室灯、黑板灯、读写台灯和儿童学校桌椅的人类功效学产品认证，为青少年的视觉健康保驾护航。

三、架构及运作

根据认证联盟第一次工作会议通过的现行《视觉健康近视防控认证联盟章程》，联盟性质定义为在国家市场监督管理总局和地方市场监督管理部门的指导下，由相关检验检测认证技术机构、行业协会、高等职业院校、科研院所和企事业单位自愿组成的非营利性组织。联盟宗旨为创新机制，充分发挥联盟产学研资源，推动与视觉健康近视防控相关的检验检测认证标准和合格评定工作；互利共赢，促进联盟成员之间资源共享、更好地为行业发展服务。

认证联盟由理事会、秘书处和技术委员会组成。联盟理事会为联盟的最高决策机构，由联盟成员单位主要领导组成，设理事长1名，常务副理事长3名；秘书处为联盟理事会常设的执行机构，受理事长领导，负责联盟日常事务和项目的协调、管理工作，设秘书长1名；技术委员会为联盟理事会技术决策咨询机构，由相关检验检测认证技术机构和行业协会的知名技术专家、高等职业院校和科研院所研究学者，以及企事业单位内企业家组成。组织架构如图3-2所示。

根据联盟章程，首任理事长由联盟发起组织单位负责人担任，联盟各成员单位1名主要领导担任理事会成员。现任联盟理事长由深圳市计量质量检测研究院的人员担任，现任常务副理事长由北京中轻联认证中心有限公司、中标合信（北京）认证有限公司、深圳市计量质量检测研究院国家中心3家单位的相关人员担任。秘书处的依托单位为联

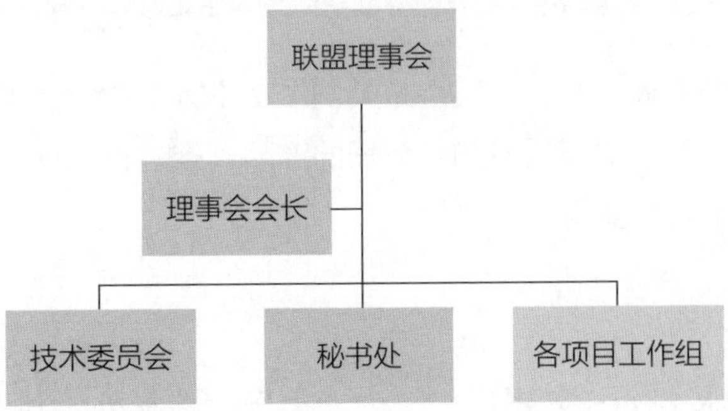

图3-2　视觉健康近视防控认证联盟组织架构图

盟牵头组织单位，首任联盟秘书长为深圳市计量质量检测研究院认证审查中心相关人员担任。

视觉健康近视防控认证联盟为开放型机构，坚持创新、发展、合作、共赢的工作原则，根据联盟章程，凡与视觉健康近视防控相关产业、行业的检验检测认证技术机构、行业协会、高等职业院校、科研院所和企事业单位，只要承认联盟章程均可申请加入，经理事会批准后，成为正式会员。

面对儿童青少年近视防控出现的新趋势、新挑战，2022年4月20日，在认证联盟成立近一周年之际，为加快推进视觉健康近视防控认证工作，系统性解决儿童青少年视觉健康近视防控问题，根据视觉健康近视防控认证联盟成立宗旨和工作计划，认证联盟发布了《视觉健康近视防控认证管理办法》和《视觉健康近视防控认证目录（第一批）》，相关工作推进步入“快车道”。2023年，联盟发布平板电脑、笔记本电脑健康显示技术规范，积极推进近视防控认证新项目的实施；同时通过眼镜产业大会及平台推优的方式，推动第一批目录产品认证的开展。截至2023年底，已发放联盟认证证书50余张，涉及近30家获证企业；成员单位已累计颁发有效近视防控认证证书300余张，涉及130余家获证企业。

第二节　眼镜产品认证

一、实施背景

随着经济和技术的发展，我国眼镜产品类别层出不穷，镜片和镜架的材质性能各异。眼镜产品认证能够识别和筛选高质量和可信任的产品，推进视觉健康、近视防控国家质量基础建设，具有重要的现实意义。

1. 欧盟

在欧盟，除角膜接触镜（隐形眼镜）为二类医疗器械外，其他眼镜产品均为一类医疗器械，进入欧盟市场需要进行CE（Communate Europeia）认证，满足MDD（Medical

Devices Directive）医疗器械指令要求。

CE认证要求镜片和镜架分别通过检测，其中镜片检测标准为EN ISO 14889《眼科光学-眼镜镜片-非切割成品眼镜片的基本要求》，按材料和折射度分别进行测试，项目包括阻燃性、撞击测试、变形测试、光谱透射等；镜架检测标准为EN ISO 12870《眼科光学眼镜架要求和测试方法》，按材料和款式分别检测，项目包括镍释放量测试（限金属架）、尺寸公差测试、高温尺寸稳定性测试、抗汗渍测试、鼻梁变形测试、镜片固位测试、耐久性测试、阻燃测试、抗光辐射测试等。其他具备保护功能的眼睛类产品及检测依据还有：依据EN166检测的普通护目镜、依据EN174检测的滑雪镜、依据EN12312检测的太阳眼镜等。

2. 美国

美国同欧盟一样，将隐形眼镜归为二类医疗器械，将其他眼镜产品归为一类医疗器械，进入美国市场需要进行FDA（Food and Drug Administration）注册，并获得镜片滴球测试证明。滴球测试依据标准为21 CFR 801.410，方法是将一钢球从某一高度落在镜片凸面上，观察镜片是否破碎，从而检测镜片抗冲击性。

另外，对于隐形眼镜，欧盟和美国均要求进行生物兼容性、内毒素、无菌测试、耐久性、包装适用性等测试。

3. 中国

我国将隐形眼镜归类为三类医疗器械产品，执行严格的医疗器械许可管理制度，销售隐形眼镜需获得《医疗器械经营企业许可证》；其他普通框架眼镜归类为光学仪器设备，自2005年开始执行工业产品生产许可制度，但在2012年和2017年，国务院两次调整实施工业产品生产许可证管理的产品目录，先后取消了验配和工业生产眼镜成品的生产许可要求。眼镜产品本身没有强制性产品认证制度进行约束，由各认证机构自行开发自愿性认证。

目前，认证机构开展的眼镜产品认证主要包括：眼镜架、儿童眼镜架、防蓝光眼镜、定配眼镜产品认证，以及根据地方标准及特色推出的“深圳标准”和“浙江制造”等品牌认证。

基于国家近视防控全社会共同行动方案，2021年4月，视觉健康近视防控认证联盟正式成立。联盟旨在推动我国视觉健康近视防控领域认证制度的建设与实施，推动与视觉健康近视防控有关的认证技术、测试规范、合格评定工作，统一认证目录、认证规则和标识，开展包括眼镜产品在内的近视防控联盟认证工作。

二、术语和定义

眼镜产品认证是证实镜片、镜架及眼镜成品符合特定的标准和其他规范性文件的第三方证明，这里的标准和规范文件包括眼镜产品认证相关法律法规、规章制度、规范性文件、认证实施规则/细则、认证技术标准或规范。主要术语及定义如下。

（1）光学眼镜片毛坯

已完成表面光学加工，尚未按镜架尺寸和几何形状磨边加工的镜片。

（2）单光眼镜镜片

具有单视距功能的镜片（如球镜、球–柱镜、柱镜等）。

（3）多焦点镜片

在主镜片上附有一个或几个子镜片，从而具有双视距或多视距功能的镜片（不包括渐变焦镜片）。

（4）渐变焦镜片

镜片的一个表面不是旋转对称的，在镜片的某一部分或整个镜片上，其顶焦度是连续变化的。

（5）顶焦度

以米为单位测得的镜片近轴顶焦距的倒数。一个镜片含有两个顶焦度，通常把眼镜片的后顶焦度定为眼镜片的顶焦度。顶焦度的表示单位为m^{-1}，单位名称为屈光度，符号为D。球镜顶焦度符号为S，柱镜顶焦度符号为C。

（6）光学中心

镜片前表面与光轴的交点。

（7）光轴

与镜片两个光学表面同时垂直的一条直线。

（8）光学中心偏差

镜片光轴与几何对称轴间的偏差。

（9）球镜镜片

能使入射的近轴平行光汇聚于一点的镜片。

（10）柱镜（散光）镜片

能使入射的近轴平行光汇聚于两相互正交的分离焦线的镜片，与两焦线分别平行或垂直的为两子午面，仅在两主子午面上具备表征镜片顶焦度的值。

（11）蓝光透射比τ_{sb}

波长在380~500nm光谱透射比的近似加权平均值。

$$\tau_{sb}=\frac{\int_{380nm}^{500nm}\tau(\lambda)E_s(\lambda)B(\lambda)d\lambda}{\int_{380nm}^{500nm}E_s(\lambda)B(\lambda)d\lambda}=\frac{\int_{380nm}^{500nm}\tau(\lambda)W_B(\lambda)d\lambda}{\int_{380nm}^{500nm}W_B(\lambda)d\lambda}$$

式中　$\tau(\lambda)$——样品在波长λ时的光谱透射比；

$E_S(\lambda)$——空气质量为2时的海平面的太阳光谱功率分布；

$B(\lambda)$——蓝光危险系数；

$W_B(\lambda)$——完整的加权函数，在数值上等于$E_S(\lambda)$和$B(\lambda)$的乘积，见QB/T 2506—2017《眼镜镜片　光学树脂镜片》标准中附录A。

（12）蓝光透射比T

用于计算385nm≤λ<415nm、415nm≤λ<445nm、445nm≤λ<475nm、475nm≤λ<505nm范围的光谱透射比。

$$T_{(\lambda_1-\lambda_2)}=\frac{\int_{\lambda_1}^{\lambda_2}E_1(\lambda)d\lambda}{\int_{\lambda_1}^{\lambda_2}E_0(\lambda)d\lambda}$$

式中　λ——波长，nm；

$E_0(\lambda)$——光源初始光谱能量分布；

$E_1(\lambda)$——光路中加入镜片后的光谱能量分布。

（13）紫外透射比τ_{SUVA}

315～380nm波长光谱透射比的近似加权平均值。

（14）紫外透射比τ_{SUVB}

280～315nm波长光谱透射比的近似加权平均值。

（15）红外透射比τ_{SIR}

780～1400nm波长光谱透射比的近似加权平均值。

（16）可见光透射比τ_V

镜片的透射光通量与入射光通量的比值。

（17）光谱透射比τ（λ）

在任意规定波长上，材料的透射光谱辐通量与入射光谱辐通量之比。

（18）棱镜度

光线的偏离入射光线的程度，以米（m）为单位的距离上测得的以厘米（cm）为单位的光线偏移量。

（19）折射率

电磁波在真空中的速度与不同波长的单色辐射波在媒质中的相速度之比。

（20）色散

波长不同的单色辐射波在媒质中的折射率由于波长的不同而变化的现象。

（21）色散系数（阿贝数）

表征光学材料色散现象的一种数学表达式。

（22）主子午面

与散光镜片的两焦线垂直或平行的两个相互正交的子午面。

（23）偏振比

100%线偏振光透射比的最大值和最小值的比值。

（24）接触角

气、液、固三相交界处的气-液界面和固-液界面切线之间的夹角，符号为θ，单位为°（度）。

（25）静态接触角

液滴体积不变的座滴法在指定时间测量的接触角，符号为θ_{sta}，单位为°（度）。

（26）雾度值

透过式样而偏离入射光方向的散射光通量与全透射光通量之比，用百分数表示。

（27）瞳距

双眼两瞳孔几何中心的距离，简写为PD。

三、产品认证实施规则

眼镜产品认证流程如图3-3所示。

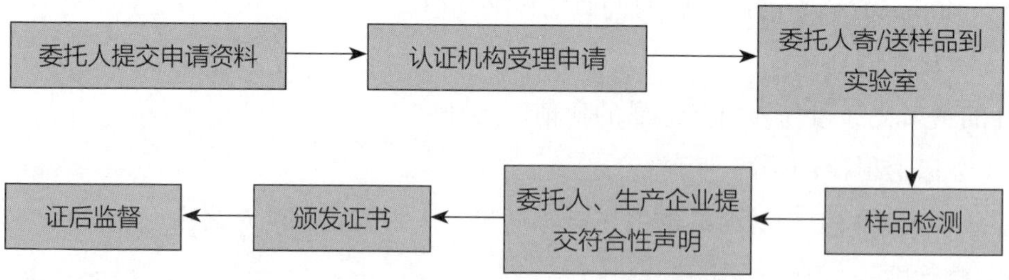

图3-3 眼镜产品认证流程

综合认证联盟及各机构现行的眼镜产品认证规则，对眼镜产品认证实施的重点条款解读如下。

【规则条款】

1. 适用范围

本规则适用于视觉健康产品（眼镜）认证，包括光学眼镜片毛坯、眼镜片、眼镜架、太阳镜、太阳镜片、老视成镜、机动车驾驶员专用眼镜、游泳眼镜。

【理解要点】

光学定配镜中，眼镜片和眼镜框属于两类产品，对应不同标准，需分别进行认证。其他成镜，如太阳镜、老视成镜（即日常所称的老花镜）、驾驶员专用眼镜、泳镜可作为整体产品进行认证。

【规则条款】

2. 认证模式

产品检测+获证后监督。

3. 获证条件

①申请认证的产品质量应符合相关法律法规、国家标准或行业标准的要求。

②申请认证的产品性能指标符合本规则附件列出的认证项目的技术要求。

【理解要点】

本条款主要明确了眼镜产品认证的基本认证模式以及获证后的监督方式。

产品检测主要包括两个方面：一个是符合国家标准或者行业标准的要求，另一方面要符合规则配套的技术规范要求。

获证后的监督内容包括抽样检测和监督检查。抽样检测依据技术规范进行；监督检查应覆盖所有认证产品和加工场所，可采取现场检查、文件审查两种方式之一或组合。

【规则条款】

4. 认证的申请

认证申请单元划分：

原则上，按照产品属性（名称）、品种、规格型号、材质等差异划分申请单元。委托人应按单元进行申请，认证机构按单元批准证书。

不同认证委托人、不同生产者、不同生产企业的产品，应作为不同的申请单元。相同生产者、不同生产企业生产的相同产品，或不同生产者、相同生产企业生产的相同产品，应为不同申请单元。

委托人根据产品属性、材质、功能性、安全性等特点，申请相应的视觉健康产品（眼镜）认证。

【理解要点】

按照产品属性（名称）、品种、规格型号、材质等差异划分单元可参考表3-1。

表3-1 眼镜产品名称、品种、规格型号或材质分类

序号	产品类别（大类）	产品系列（中类）	产品认证单元（小类）
1	光学眼镜片毛坯	光学眼镜片毛坯	1. 普通毛坯； 2. 高折射毛坯（$n \geq 1.6$）； 3. 变色毛坯； 4. 其他：______
2	非树脂眼镜片	1. 玻璃镜片； 2. 天然或人造水晶镜片	1. 单光和多焦点； 2. 渐变多焦点； 3. 其他：______
3	光学树脂眼镜片	1. 光学树脂眼镜片（热塑型）； 2. 光学树脂眼镜片（热固型）	1. 普通树脂片n=1.50； 2. 中折树脂片（n=1.56、n=1.60）； 3. 高折树脂片（n=1.67、n=1.71、n=1.74）； 4. 其他：______
4	眼镜架	1. 眼镜架（金属类）； 2. 眼镜架（金属-塑料混合类）	1. 铜镍合金； 2. 不锈钢； 3. 铝镁合金； 4. 纯钛及钛合金； 5. 记忆金属； 6. 其他：______
		1. 眼镜架（塑料类）； 2. 眼镜架（塑料-金属混合类）	1. 注塑架； 2. 板材架； 3. 记忆塑料； 4. 其他：______
5	太阳镜	太阳镜	1. 玻璃片太阳镜； 2. 树脂片太阳镜； 3. 偏振片太阳镜； 4. 其他：______

续表

序号	产品类别（大类）	产品系列（中类）	产品认证单元（小类）
6	太阳镜片	太阳镜片	1. 玻璃片； 2. TAC片； 3. PC片； 4. 尼龙片； 5. 其他：______
7	老视成镜	老视成镜	1. 玻璃片老视镜； 2. 树脂片老视镜； 3. 片架一体老视镜； 4. 其他：______
8	机动车驾驶员专用眼镜	机动车驾驶员专用眼镜	—
9	游泳眼镜	游泳眼镜	—

【规则条款】

5. 产品检测

产品检测送样

认证机构受理认证申请后，根据申请的认证单元确定检验样品。委托人负责向认证机构指定的实验室送交用于产品检测的样品，并应确保其提供的样品与实际生产的产品一致。

【理解要点】

根据委托人的相关申请材料（例如：照片/图片、产品描述、关键原辅材料、零部件清单等），认证机构与承检的实验室对认证产品单元划分、各认证单元的主检、差异试验样品的型号确认一致，下达检测任务。样品应具有代表性，所有申请认证的每个单元均要抽取样品进行试验和必要时的差异试验，并按照实施规则中规定的样品数量进行送样。实验室按照规则要求时限完成检测。

委托人应确保其所提供的试验样品与实际生产的产品保持一致，送检样品应是生产企业按照正常加工方式生产的产品，而不是通过借用、租用、购买样品等方式获得的样品。认证机构和实验室均会对送检样品的真实性进行审查，并对虚假样品情况进行处置。

【规则条款】

6. 与产品检测相关的技术要求

产品检测依据规范的技术要求、试验方法、判定规则实施。

【理解要点】

技术规范规定了眼镜产品认证的技术要求，包括：

①基本要求：产品质量水平应满足相关产品国家或行业标准要求。

②生理相容性指标：长期接触皮肤的部件，如镜架金属部分的镍析出和总铅总量、塑料部分的邻苯二甲酸酯含量。

③认证指标要求：高折射率、高清晰度、超硬耐磨性、紫外防护功能、蓝光防护功能、红外辐射防护功能、防雾功能、自洁净功能、高抗冲击性、高耐疲劳性、钛及钛合金纯度等，各认证指标要求应符合技术规范的规定。

④产品标识：产品标识中的产品名称应符合相应的申请/获证单元。

试验方法规定了生理相容性指标和认证指标的试验依据标准和方法。当产品在满足基本要求、生理相容性指标的同时，满足所申请的认证指标要求，则判定该产品符合技术规范。

【规则条款】

7. 样品的整改

产品检测若发生不合格项，应在限期内整改。委托人应重新送样至原承检的实验室复检，最长整改时限不超过6个月。逾期不能完成整改，或整改结果不合格，终止认证。

【理解要点】

产品检测如有不合格，委托人可根据不合格情况对产品进行整改，但整改时限不可超过6个月；整改后重新送样至原实验室，如果再次检测不合格，或者整改超过6个月未送样，则本次认证终止。委托人重新获取认证，则需重新提交产品认证申请。

【规则条款】

8. 检验样品及相关资料的处置

在产品检测完成后，送检样品由实验室保存3个月后自行处置或按委托人要求处置。如委托人未提出相关样品处置要求的，则由实验室自行处置。相关数据、样品图片等资料存于检验/检测记录中，确保样品的可追溯性。

实验室负责将检验/检测报告及时寄送认证机构。

【理解要点】

实验室完成样品检测并确保检测过程和结果的记录具有可追溯性。除样品按要求保存外，检测过程的图标、数据、样品图片等原始记录应妥善保存。报告完成后，实验室应及时在规则要求时限内将报告寄送认证机构，保证认证及时性及有效性。

【规则条款】

9. 符合性声明

产品检测合格后，委托人应向认证机构提交申请认证产品持续满足本规则中相关认证技术要求的符合性声明。为方便委托人，符合性声明可与申请资料同时提交。

【理解要点】

认证产品需持续满足认证技术要求，委托人应对此进行确保和声明。符合性声明可与认证申请、认证协议、产品信息等申请资料一并提交。

【规则条款】

10. 认证结果评价与批准

认证机构对产品检测结果、符合性声明进行综合评价，经评价合格后及时向委托人按认证单元颁发视觉健康（眼镜）产品认证证书。

【理解要点】

认证机构对检测报告、申请资料和有关信息进行综合评价。根据评定结果做出认证决定，评价通过，按单元颁发认证证书，对于检测结论为“不合格”或综合评定结果不通过的，予以终止认证。

【规则条款】

11. 认证时限

一般情况下，认证机构自受理认证申请起30个工作日内向委托人出具认证证书。对不符合认证要求的，认证机构及时书面通知委托人，并说明理由。

其中，产品检测时间自样品送达实验室之日起计算，检测周期15个工作日，不包括样品整改时间；认证结果评价、批准时间以及证书制作时间一般不超过5个工作日。

注：认证时限不包括申请委托人需要采取整改措施的时间。

【理解要点】

为确保认证活动在规定时限内完成，认证委托人须对认证活动予以积极配合，如对认证机构提出的资料整改意见，应积极配合完成整改；在检测任务下达后，及时送样，产品存在不合格时及时整改。

一般情况下，认证机构自受理认证委托起30天内向认证委托人出具认证证书，包括申请受理时间、样品检测时间、认证结果评价和批准时间，以及证书制作时间，不包括认证委托人准备资料、试验样品不符合整改时间及复试检测时间等。

【规则条款】

12. 获证后的监督

获证后监督的内容包括监督检查和抽样检测。监督检查应覆盖所有认证产品和加工场所。

【理解要点】

根据规则规定的眼镜产品的认证模式，产品获证后定期进行监督管理。监督包括监督检查和抽样检测。

监督检查是对工厂质量保证能力、产品的一致性及产品与技术规范的符合性所进行的评价活动，检查范围包括认证产品，与产品认证质量相关的场所、部门、活动和过程；当认证产品制造涉及多个场所时，工厂检查的场所界限应至少包括例行检验、加施产品铭牌和标志环节所在场所，必要时还应到其余场所（如关键工序）进一步检查，即延伸检查。

抽样检测是由检查员在现场生产线末端经生产企业确认合格的产品中或成品库中随机抽取认证产品，寄送实验室进行检测，以验证产品是否持续符合技术规范要求。

【规则条款】

13. 监督检查频次

一般情况，从颁发首张证书之日起的6个月内进行第一次监督检查，以后每12个月应进行一次监督检查。若发生下述情况之一可增加监督频次：

①认证产品出现严重质量问题或用户提出投诉，并经查实为持证人责任时。

②认证机构有足够理由对认证产品与相应技术规范要求的符合性提出质疑时。

③连续两次监督检查不通过的。

④各类国抽、省抽发生不合格的。

⑤有足够信息表明生产企业因组织机构、生产条件、生产企业质量保证体系等的变更，可能影响产品符合性或一致性时。

【理解要点】

获证后6个月内实施第一次监督检查，并且每次监督间隔最长为12个月，认证机构根据上述特殊情况适当增加监督次数。一方面产品有质量问题，不符合国家或者行业标准要求，或者不再符合技术规范要求，这些情况均不符合获证条件，需要以检查方式进行确认或者验证；另一方面，如果生产企业因变更导致产品本身发生变化，与之前认证产品不一致，或不再满足技术规范要求，也需要以检查方式进行确认或者验证。多次监督不合格，经验证产品不再满足认证要求时，认证机构会对证书做出相应处置。

【规则条款】

14. 监督检查的内容及方式

按照产品认证相关管理要求，生产厂应控制获证产品的一致性，其质量保证能力应持续满足规则附件《工厂质量保证能力要求》。

监督检查可采取现场检查、文件审查两种方式之一或组合。

【理解要点】

现场检查应依据规则附件《工厂质量保证能力要求》进行工厂质量保证能力检查、产品一致性检查，还应关注外部对生产企业的反馈信息，包括市场监管、顾客投诉等信息的收集与处理。如现场有与认证产品相关的员工总人数、加工场所数、产品范围（产品类别数、认证单元数）与检查通知不符和/或导致规定的检查人数不能满足要求、影响工厂检查的有效性，或者无法完成后续检查时，检查员须立即与认证机构沟通确认，做出相应安排或者处置。

根据企业认证情况及外部环境因素等，可选择现场检查、文件审查两种方式之一或组合的方式。现场检查与文件审查结合方式较为常见，采用文件审查方式评价管理文件的符合性，了解生产企业的生产状况、产品特点及管理概况，现场检查对生产过程及产品一致性验证的同时，对文件管理规定进行验证。如果单独采用文件审查，则要求生产企业提供所有符合质保能力要求的文件及音视频资料，并要求企业对资料的真实性负责。

【规则条款】

15. 监督抽样检测

通常情况下，每年进行一次抽样检测，依据《视觉健康产品（眼镜）技术规范》要求进行检测，由认证机构授权指定实验室完成。

样品应在企业生产的合格品中（包括生产线、仓库、市场等）随机抽取，抽样要覆盖每个生产企业（场地），抽取的样品应加贴封条。

监督抽样检测完成后，实验室负责将检测报告及时寄送认证机构。对于监督抽样检测发现不合格的产品，应立即出具不合格检测报告并及时寄送认证机构。

【理解要点】

样品抽取要覆盖每个生产场所和所有产品类别，抽取经企业检验的合格品；认证委托人、生产者、生产企业应予以配合抽样，抽样结束后由检查员立即加贴认证机构封条，及时将样品寄送至实验室，保证抽样产品的公正性。

抽样检测不合格，实验室直接出具不合格报告，不允许企业整改。

【规则条款】

16. 监督结果的评价与批准

监督检查结果经认证机构评价合格的（包括采信的结论），可以维持认证证书的有效性，继续使用认证标志。监督检查结果经认证机构评价不合格的，按照有关规定处置。

【理解要点】

认证机构对抽取样品检测和监督检查的结论和有关资料/信息进行综合评价。评价通过的，继续保持认证证书、使用认证标志；若任意一项评价结果为不合格，则获证后监督结果的评价为不通过，认证机构根据相应情形暂停或者撤销其认证证书，认证委托人应及时获悉证书状态的变化。

【规则条款】

17. 认证证书的有效性

视觉健康产品（眼镜）认证证书的有效期最长为3年。有效期内，证书的有效性依赖认证机构的获证后监督获得保持。证书有效期届满，需延续使用的，委托人应当在认证证书有效期届满前90天内办理申请。

ODM模式获得的认证证书有效期为ODM协议规定的有效期，最长不能超过3年。

【理解要点】

认证证书的有效期一般最长是3年。通常以ODM模式获得的认证证书有效期为ODM协议规定的有效期，最长不超过3年，并且不超过ODM初始证书的有效期。获证后，企业应在证书有效期内按照认证机构的要求接受获证后的监督，以维持证书的有效性。

认证证书有效期届满，需要延续使用的，认证委托人应在证书有效期届满前90天内向认证机构提出申请，认证机构按程序审核并换发证书。如有效期到期日前认证委托人未提交申请，认证机构对证书作注销处置，注销后不能恢复。

【规则条款】

18. 认证变更

本规则覆盖的视觉健康产品（眼镜）认证证书，如果其覆盖产品发生以下变更时，应向认证中心提出变更申请：

①增加同一单元内认证产品。

②认证产品关键原材料、制造工艺和生产企业等发生重大变化。

③认证产品持证人、生产者或生产企业的名称、地址、相关协议等发生变化。

④其他影响认证结果的变更。

认证机构应核查以上变更情况，确认原认证结果对认证变更的有效性；必要时，可进行补充检验和/或现场检查，在符合要求后，确认原证书继续有效和/或换发认证证书。

【理解要点】

认证证书的变更主要有如下几种情况：

认证产品持证人、生产者或生产企业的名称、地址、相关协议等发生变化，同单元证书产品型号规格发生变化，都会影响证书内容，涉及换发证书；已获证产品发生技术变更，如产品结构设计、结构参数、关键零部件/原材料等，可能影响到产品符合相关标准的变更；生产企业因生产一致性控制体系、生产条件、搬迁等情况发生，这些可能影响生产一致性的变更；当发生认证依据标准的制修订、对标准条款的新解释等情况，或上级主管部门有新的认证要求时，认证机构会制定认证实施方案，并向社会公布。认证委托人按实施方案要求在规定的期限内完成产品标准换版工作；认证机构规定的其他事项发生变更的。

上述情况都要经认证机构批准后，方可实施变更。

【规则条款】

19. 认证范围的扩大

根据规则所规定的认证单元划分原则，持证人在原有认证单元基础上增加新的认证单元，按单元申请的要求办理认证。

【理解要点】

增加新的认证单元，应按照新认证产品要求提交申请，一般情况下，无需重新提交认证协议，如涉及新增ODM生产企业，则需提交双方的ODM协议。持证人不得对已认证的相同产品或者型号重复进行认证申请。

【规则条款】

20. 认证标志使用的规定

（1）准许使用的标志样式

①通常情况下，准许获证组织使用以下认证标志标准样式（略）。

②也准许使用获证组织自行设计的视觉健康产品（眼镜）认证标志，在使用前向认证机构备案。

（2）加施方式和位置

持证人应按照认证机构规定的要求，在产品本体或产品包装上，采用直接粘贴或经认证机构认可的方式加施视觉健康产品（眼镜）认证标志。

【理解要点】

认证标志可以使用实施规则要求的标志样式，也可以由持证人自行设计，但需将标志样式和加施方式向认证机构备案。在证书有效状态下，获证产品方可加施认证标志进行出厂和销售活动。

【规则条款】

21. 认证证书的暂停、恢复、注销、撤销

认证证书的暂停、恢复、注销和撤销按认证机构规定执行。

【理解要点】

当获证产品或者企业不满足相关认证要求时，认证机构做出注销、暂停、撤销的认证决定，并按要求公开。

持证人在收到认证机构的证书暂停、注销、撤销通知后，要仔细查看通知要求，对于其证书覆盖已出厂、进口的产品，认证委托人应根据证书暂停、注销、撤销原因评价产品可能存在的安全隐患，对可能对人体健康和生命安全造成损害的，应按照有关规定采取相应措施。

【规则条款】

22. 收费

认证收费以双方合同约定为准。

【理解要点】

认证费用应在双方约定的协议、合同或者相关认证文件中明确。认证费用一般包括申请费、产品检测费、工厂检查费、批准与注册费（含证书费）、认证标志费和年金，其中检测费用由承检的实验室确定和收取，其他费用由认证机构收取，具体名目和金额以双方约定为准。

四、产品认证实施要求

（一）企业资质

眼镜产品生产企业经营范围需包含所申请认证产品、登记状态为正常经营、企业未列入国家信用信息严重违法失信的主体相关名录。

（二）企业应配备的资源

（1）应在组织内指定质量技术负责人，负责质量工作。

（2）应配备与认证产品生产相适宜的必备生产设备和检验设备（表3–2），应能满足稳定生产符合认证标准要求的产品。

表3–2　必备生产设备和检测设备明细表

序号	产品单元	必备的设备	检验设备
1	非树脂眼镜片	1. 复曲面刨模机 2. 复曲面铣模机 3. 复曲面精磨机 4. 复曲面抛光机 5. 球面铣磨机 6. 球面精磨机 7. 球面抛光机	1. 焦度计（分度值不低于0.02D）; 2. 镜片表面质量检验装置; 3. 测厚装置

续表

<table>
<tr><th>序号</th><th colspan="2">产品单元</th><th>必备的设备</th><th>检验设备</th></tr>
<tr><td>2</td><td colspan="2">光学树脂眼镜片
（热塑型）</td><td>1. 注塑机
2. 强化机
3. 超声波自动洗净装置</td><td rowspan="2">1. 焦度计（分度值不低于0.02D）；
2. 镜片表面质量检验装置；
3. 测厚装置；
4. V-棱镜折射仪（可委托第三方检验）；
5. 紫外-可见分光光度计或透射比专用测量装置（适用太阳镜片、护目镜片）；
6. 偏振度测定仪（适用偏振镜片）</td></tr>
<tr><td>3</td><td colspan="2">光学树脂眼镜片
（热固型）</td><td>1. 单体配置系列设备
2. 浇注固化系列设备
3. 镜片清洗设备
4. 模具清洗设备</td></tr>
<tr><td>4</td><td colspan="2">眼镜架
（金属类）</td><td>1. 自动镜圈制造机（或截丝机、绕圈机、压弯机）
2. 铣鼻中机
3. 切合口机
4. 弯椿头机
5. 焊接机
6. 带有吸尘装置的抛光机
7. 刻印机
8. 弯脚机</td><td>1. 游标卡尺；
2. 阻燃性试验机（可委托第三方检验）</td></tr>
<tr><td rowspan="2">5</td><td rowspan="2">眼镜架
（塑料类）</td><td>注塑架</td><td>1. 注塑机
2. 镜腿注塑机（塑料件中加金属丝）
3. 铰链机
4. 带有防污装置的喷漆机或染色设备
5. 移印或绢印机</td><td rowspan="2">1. 游标卡尺；
2. 阻燃性试验机（可委托第三方检验）</td></tr>
<tr><td>板材架</td><td>1. 内成型机
2. 外成型机
3. 射心机
4. 弯框机
5. 带有吸尘装置的抛光机
6. 铰链机
7. 移印或绢印机</td></tr>
<tr><td>6</td><td colspan="2">太阳镜</td><td>1. 裁片机（树脂镜片）或磨边机（玻璃镜片）
2. 镜片烘弯机（偏振镜片）
3. 镜片倒边机
4. 打孔机、开槽机（如生产无框或半框架的太阳镜）</td><td>1. 焦度计（分度值不低于0.02D）；
2. 镜片表面质量检验装置；
3. 紫外-可见分光光度计或透射比专用测量装置；
4. 偏振度测定仪（适用偏振镜片太阳镜）</td></tr>
<tr><td>7</td><td colspan="2">机动车驾驶员
专用眼镜</td><td>1. 裁片机（树脂镜片）或磨边机（玻璃镜片）
2. 镜片烘弯机
3. 镜片倒边机
4. 带有吸尘装置的抛光机</td><td>1. 焦度计（分度值不低于0.02D）；
2. 镜片表面质量检验装置；
3. 偏振度测定仪（适用偏振镜片太阳镜）；
4. 镜片冲击试验机</td></tr>
</table>

续表

序号	产品单元	必备的设备	检验设备
8	老视镜	1. 裁片机（树脂镜片）或磨边机（玻璃镜片） 2. 镜片倒边机 3. 带有吸尘装置的抛光机 4. 打孔机、开槽机（如生产无框或半框架的老视镜） 5. 注塑机（适用片架一体老视镜）	1. 焦度计（分度值不低于0.02D）； 2. 测厚装置； 3. 镜片表面质量检验装置
9	游泳眼镜	注塑机及企业工艺设计文件规定的其他生产设备	1. 焦度计（分度值不低于0.02D）； 2. 镜片表面质量检验装置

注：1. 企业配备的生产设备和检测设备，可与上述设备名称不同，但应满足上述设备的功能要求。
2. 以上为典型工艺必备的生产设备和检测设备，对于采用非典型生产工艺的企业，可以按企业工艺设计文件规定的生产设备和检测设备进行核查。

（3）应配备与认证产品生产相适宜的人力资源（包括但不限于技术人员、检验人员、生产人员），确保质量控制人员、关键工位人员具备必要的能力（如实际认知和操作水准）。

（三）认证申请

1. 认证申请书

（1）认证委托相关方通常指：认证委托人、生产者、生产企业。需要提供的信息主要包括：认证委托人、生产者、生产企业的名称、法人代表、企业性质、注册地址、通信地址、实际生产地址，以及联系人的相关信息等。

（2）认证产品的基本信息通常包括申请认证产品的名称及规格型号、产品类别及执行标准、商标等信息。

（3）生产企业的生产相关的基本信息通常包括生产企业员工数量、检验人员数量、质量负责人的基本信息等。

（4）企业自行选择的实验室信息包括所选实验室名称。

2. 资质文件

用以证明认证委托相关方的资质是否符合要求，如委托人、生产者、生产企业营业执照/登记注册证明复印件；产品质量符合适用国家标准的检测结果证明（如有一年内的检测报告请提供）；委托人为销售商、进口商时，应当向认证机构同时提交销售商与生产者或进口商与生产者订立的相关合同副本；委托人委托他人办理认证时，受委托人提交与委托人所签订的委托书或合同副本。

3. 产品技术及生产概况

产品技术资料用来描述申请产品的主要特征，包括：

①产品关键原材料清单（根据申请产品类型分别填写）。

②生产企业概述及技术文件：a. 所申请产品的产品描述、生产规模、能力等。b. 与申请产品相关的关键生产设备清单、主要检测设备清单。c. 影响性能指标的关键原料、材料清单。d. 质量管理文件清单。

4. 其他必要资料

由于申请认证相关方、申请产品等的多样化，存在以上申请资料不足以支撑认证实施的情况，此时需要申请企业根据实际情况按照认证机构要求提供其他的资料。

（四）样品检测

样品检测是产品认证中非常重要的环节，是为验证产品是否符合技术规范的全部要求而进行的试验，通常对一个或多个代表性的产品样品进行试验或检测。

认证机构在受理认证申请后，根据企业提交的产品信息等资料确定检测样品型号，并发送承检的实验室，共同予以确认。企业按照送样通知将检测样品送至实验室，实验室依据认证机构下达的检测任务进行检测，检测过程中如果存在不合格项目，实验室通知企业进行整改并同时告知认证机构，样品整改后须再次对不合格项目进行检测，检测通过方可确认整改有效。

生产企业应对技术规范熟悉并理解到位，以便于按照规范要求进行产品的设计和生产。

（五）监督检查的实施

①认证联系人提前与认证机构取得联系，明确检查的目的、范围，并获取现场检查通知，得知具体检查时间、人日数、检查组成员及联系方式等。

②确保检查当日认证产品的现场生产。

③确保能满足抽样要求的库存样品基数。

④提前与相关部门负责人做好沟通，确保其当天能按时参加首末次会议和检查工作。

⑤确定好陪同人员，相关部门主要负责人员在必要时能够保证在岗。

⑥准备好检查中所用的基本文件资料，如企业资质文件、程序文件、作业指导书、有关质量记录等。

⑦监督检查依据实施规则附件《视觉健康产品（眼镜）认证工厂质量保证能力要求》、相关法律法规、规范性文件、认证产品标准及技术规范、认证申请/备案信息、生产企业工厂质量管理、生产一致性控制文件等，对生产企业的生产一致性控制能力/质量保证能力和产品一致性控制能力是否持续符合认证要求而开展现场检查和评价，检查的同时对获证产品进行抽样检测，以确保获证产品持续符合标准要求，具体抽样检测项目由各个认证机构进行规定。

（六）检查后续工作

生产企业应注意在工厂检查结束后将抽样样品在认证机构规定的时限要求内寄送实验室，逾期未邮寄的，认证机构会根据相关规定进行相应的证书处置。

如现场检查开具了不符合项，应注意在规定的时限内将符合整改要求的整改资料提交至检查组，若逾期不能完成整改或整改结果不合格，工厂检查不通过。

生产企业应对每一次现场检查的证据进行留存，留存内容包括但不限于：工厂检查通知、检查计划、检查报告、抽样检测单（如有）、不符合项报告及相关整改资料等。

认证委托人应在规定的时限内足额缴纳认证费用及检测费用。

第三节　配镜服务认证

一、实施背景

近视防控，重点在于预防和控制。根据《国际近视研究学会（IMI）近视防控研究白皮书》，控制近视发生发展的干预措施包括：光学、药理学、环境（行为）、外科手术。

眼视光行业（通常称为眼镜行业）是指通过眼镜生产、验配服务、视功能检查训练、销售、管理等环节，改善人眼视力和视觉质量，进行眼保健服务的行业。眼视光技术专业是一门集理、工、医、美、商于一体的交叉学科。欧美的先进国家开办眼视光教育已有100余年，有着完整的理论体系和技术规范，验光师应接受过系统教育并取得相应的学位和职称才可以执业。我国近年来才开展眼视光教育，行业准入门槛较低，相应的管理模式还不完善。因此，新时代儿童青少年近视防控工作任务任重而道远，相关部门需要打破行业壁垒思维惯性，齐心协力共同致力于眼镜验配服务标准化和认证工作的实施，双管齐下，才能真正有效地发挥标准化引领作用，不断提升眼镜验配服务质量和产品质量，为儿童青少年近视防控工作保驾护航。

二、术语和定义

（1）验光

使用仪器及辅助设备对眼的屈光状态及双眼视功能进行定性定量分析，并出具处方的行为。

（2）MPMVA（maximum plus to maximum visual acuity ）

最佳视力球镜，即患者所能获得的最佳视力的最低负镜或最高正镜。

（3）客观验光

在无需与被检者进行问答式交流的情况下，利用电脑验光仪、检影镜等设备，对被测眼的屈光状态进行定性定量分析的方法。

（4）主观验光

在与被检者沟通交流的情况下，应用综合验光仪或试镜架和试镜片等验光设备，对被测眼的屈光状态和双眼视功能进行定性定量分析的方法。

（5）验光处方

由眼科医生或者验光师出具一系列确定顾客所需眼镜度数的数据，包括双眼屈光不正度、视力及瞳距等参数。

（6）定配眼镜

根据验光处方或特定要求定制的框架眼镜。

（7）方框法测量系统

基于与镜片外边缘相切的水平和垂直切线所形成的矩形的测量系统。

（8）镜片水平尺寸

方框法测量中，镜片外切矩形框两垂直边间的距离。

（9）片间距离

方框法测量中，两镜片外切矩形框靠鼻侧两垂直边之间的距离。

三、服务认证实施规则

验光配镜服务认证流程如图3-4所示。

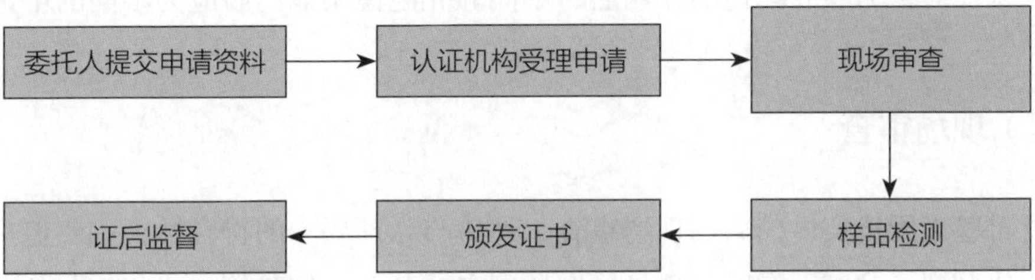

图3-4　验光配镜服务认证流程

综合认证联盟和各机构现行的服务认证规定，实施认证的重点在于门店的服务要求、管理制度、售后服务和产品质量等方面。验配过程涉及消费者、验配技术人员、验配设备、环境等，包括“人-人”和“人-机”的多种服务接触方式，可采用公开的服务特性测评、服务管理审核、顾客暗访、顾客调查、产品抽样检验等模式相结合。各要素认证要点主要包括以下内容。

（一）认证范围

验光配镜服务认证适用于具有验光配镜资质的各类实体门店规范其从事验光、配镜服务活动，也适用于第三方认证机构对验光配镜服务的评价。

（二）认证模式

服务认证模式由一种或多种认证模式组成。结合ISO/IEC 17067，服务认证模式选择应分析拟认证的特定服务所处业态、接触方式和特性结构及其风险状况。例如，“人-人”接触时，采用神秘顾客，进行暗访检验或检测的认证模式；“人-机”，或“机-人”接触时，采用公开检验/检测与神秘顾客暗访相结合的认证模式；“机-机”接触时，采用公开检验检测的认证模式。基于验配相关技术标准的内容，根据验光配镜服务的特性和“人–人”和“人–机”的多种服务接触方式，一般选择“服务特性测评+服务管理审核+产品检验”的认证模式。服务认证周期一般包括初次认证、监督评价和再认证过程。

（三）认证单元划分

服务认证对象为验光配镜实体门店，不同验光配镜实体门店应为不同的申请单元。

（四）现场审查

通过对验光配镜实体门店的现场审查，评价与认证要求的符合性，主要包括：

（1）通过现场观察、询问、现场顾客（匿名或公开）体验等方式实施服务特性测评审查，重点关注人员、设备、设施、环境、服务产品的使用和追溯、服务流程的一致性等内容。

（2）通过现场观察、询问以及资料查阅等审查方式实施服务管理审查，以获得包括服务管理和服务可持续支撑能力等相关信息。

（3）加工环节的检查，以文件审核为主，必要时可延伸到加工现场进行检查。

1. 服务特性测评

参考团标T/SPEMF 0026—2021《验光配镜服务要求》，服务特性测评内容包括基本要求和服务要求，见表3–3。不符合项的级别分为3级：

①次要不符合：不能完全满足某个条款的要求，但是根据客观证据，所使用的产品、仪器具有合规性，服务流程具备专业性，不存在重大安全隐患。

②主要不符合：重大违背技术规范的有关要求，或根据客观证据，所使用的产品、仪器的合规性，服务流程的专业性存在嫌疑。

③关键不符合：严重违反有关法律、法规要求或被怀疑有重大的安全隐患。

表3-3　验光配镜服务特性测评内容

序号	测评项目				测评内容	不符合项级别
1	4 基本要求	4.1 资质要求			应取得市场监管部门颁发的营业执照，并应具有合法经营资质和经营场所，验光配镜服务人数已达300人及以上	关键
2		4.2 服务人员	4.2.1 配备	4.2.1.1 营业人员	a. 应经过专业培训，了解验光配镜和眼镜产品特性的基本知识，正确引导消费者； b. 配备专（兼）职设备管理人员，负责设备管理工作	关键
3				4.2.1.2 验光人员	应至少配备1名专职验光人员，且应具备符合工作岗位要求的专业技能和眼科学、几何光学、眼镜光学、眼屈光学等专业知识，参加不少于400学时专业培训，具有5年以上验光工作经验： 熟练验光操作：a. 能进行综合验光仪屈光检测；b. 能进行双眼视力平衡检测；c. 能进行老视检测；d. 能进行渐变焦眼镜验光 确定处方操作：a. 能开具移心棱镜处方；b. 能开具老视眼处方；c. 能开具渐变焦眼镜处方； 眼镜检测和较配操作：a. 能进行渐变焦眼镜检测；b. 能进行眼镜整形与校配	关键
4				4.2.1.3 加工人员	应至少配备1名专职加工人员，且应具备符合工作岗位要求的专业技能和眼科学、几何光学、眼镜光学、眼屈光学等专业知识，参加不少于300学时专业培训，具有5年以上加工配镜工作经验	关键
5				4.2.1.4 检验人员	a. 应持有质检职业资格证书或进行过相关培训检验人员，年度专业培训学时不少于150学时； b. 加工人员和检验人员应由不同人员担任，不得互相兼任	关键
6				4.2.1.5 调校人员	由门店内专职验光人员完成	关键

续表

序号	测评项目			测评内容		不符合项级别
7	4 基本要求	4.2 服务人员	4.2.2 要求	4.2.2.1 应明确各类人员（营业、验光、加工、检验、调校、设备管理）的岗位职责		次要
8				4.2.2.2 应明确各类人员（营业、验光、加工、检验、调校、设备管理）的资格、技能和授权规定，保证人员有能力开展技术和服务工作		次要
9				4.2.2.3 应开展人员服务知识和技能培训，各类人员（营业、验光、加工、检验、调校、设备管理）年度专业培训学时不少于150学时		次要
10		4.3 服务设备	4.3.1 配置	4.3.1.1 验光设备	验光镜片箱（含试戴架）、电脑验光仪、综合验光仪、裂隙灯、检影镜、瞳距仪、笔灯、标准对数视力表、阅读灯等验光设备	主要
11				4.3.1.2 加工设备	焦度计、自动磨边机、中心定位仪、扫描仪、打孔机、开槽机、抛光机、瞳距尺、砂轮、玻璃刀、电热器、整形工具等加工设备	主要
12				4.3.1.3 检验设备	焦度计、眼镜测量卡，必要时需配备测厚仪、0.5mm 刻度不锈钢直尺和焦度表等检验设备	主要
13			4.3.2 维护使用	4.3.2.1 应编制仪器设备清单		主要
14				4.3.2.2 应制定仪器设备的操作规程流程		主要
15				4.3.2.3 应对仪器设备进行校准和维护，验光镜片箱（含试戴架）、电脑验光仪、综合验光仪和焦度计应法定计量检定合格		主要
16				4.3.2.4 每位顾客使用前应对验光设备等进行消毒处理		主要

续表

序号	测评项目			测评内容	不符合项级别
17	4 基本要求	4.4 产品		4.4.1 眼镜产品采购渠道正规，能提供质量合格证明或合法有效的检验报告；进口眼镜产品能提供证明产品真实性的文件	主要
18				4.4.2 单焦点和多焦点镜片质量应符合GB 10810.1的要求，渐变焦镜片质量应符合 GB 10810.2 的要求，光学树脂眼镜片质量还应符合QB/T 2506的要求，镜片的透射比应符合GB 10810.3 的要求；眼镜架质量应符合GB/T 14214的要求	主要
19		4.5 服务环境	4.5.1 营业场所	4.5.1.1 场所安全，布局合理、清洁卫生、通风良好，照明适度	关键
20				4.5.1.2 广告宣传符合相关法律法规要求，信息真实、内容健康，避免夸大、虚假宣传或误导顾客	关键
21				4.5.1.3 商品摆放有序，价格标签信息完整	次要
22				4.5.1.4 营业场所醒目位置有相关服务提示： a. 服务项目、流程及收费标准； b. 服务监督电话或方式； c. 对消费者的承诺声明	次要
23			4.5.2 验光区	设有独立的验光区（室），有可调节的光源，远视力检测应满足测试距离达到5m，或采用加装反光镜、内置视力表的方法来缩短验光检测距离，检影验光应在暗室进行	主要
24			4.5.3 加工区	设有独立的加工场地，并配有污水处理相关设施	主要
25			4.5.4 检验区	设有独立的质检场地，在明视场、暗背景中进行镜片的检验	主要

续表

序号	测评项目		测评内容			不符合项级别
26	5 服务要求	5.1 接待	5.1.1 应向顾客提供包括但不限于下列方式的服务： a. 现场服务； b. 客服热线电话服务； c. 网络服务，如官方网站、微信公众号等			次要
27			5.1.2 服务人员应仪表端庄大方，服饰整洁，佩戴标志			次要
28			5.1.3 服务人员应主动服务，礼貌用语，引导顾客至服务区或休息区，客供品接待			次要
29			5.1.4 服务人员应言辞简洁，了解顾客需求，耐心解答咨询			次要
30			5.1.5 各种方式所提供的服务和信息应保持一致			次要
31		5.2 沟通	5.2.1 主动向顾客展示产品和服务，准确、通俗、诚信地介绍眼镜产品功能特点及相关服务，如实介绍适合顾客的产品和服务			次要
32			5.2.2 主动询问顾客身体状况，排除影响验光的疾病因素，如糖尿病、白内障等			次要
33			5.2.3 对于年龄在 14 岁及以下的配镜顾客，首次配镜时应经专科医生（持有眼科执业医生证）进行眼部检查，排除了相关风险后，进行睫状肌麻痹后验光，待睫状肌恢复常态后再进行验光配镜			主要
34		5.3 验光	5.3.1 应制定各种验光工作流程和要求			关键
35			5.3.2 验光流程	5.3.2.1 基础检查	a. 询问顾客基本信息、佩戴史和配镜用途； b. 裸眼远、近视力检查或原佩戴眼镜的矫正视力检查； c. 原佩戴眼镜的屈光参数和光心距的检测； d. 测定远用双眼瞳距或单眼瞳距和瞳高； e. 优势眼判定	关键
36				5.3.2.2 客观验光	使用电脑验光仪验光或检影镜验光	关键

续表

序号	测评项目				测评内容	不符合项级别
37	5 服务要求	5.3 验光	5.3.2 验光流程	5.3.2.3 主观验光	a. 将远用瞳距、球镜、柱镜和轴位各参数依次置入综合验光仪进行验证，作为主观验光的基础数据； b. 双眼进行雾视处理； c. 右眼散光检测、MPMVA、红绿视标检测、交叉柱镜精调散光的轴位与焦度、最佳视力检测； d. 左眼重复 c.步骤； e. 双眼视力平衡检测； f. 双眼远雾视并进行红绿视标检测，初步确定屈光度； g. 眼位检测：主观眼位检测、客观眼位检测及注视差异检测； h. 感觉性融像检测：双眼同时视检测、平面融像检测、立体视检测、影像不等检测； i. 运动性融像检测：各项调节、聚散以及 AC/A 检测； j. 进行双眼视异常分析，确定双眼视训练方案或定量光学矫正方案； k. 试戴并调整处方； l. 开具远用配镜处方	关键
38				5.3.2.4 老视验光	a. 常规验光检查，确定远用光度； b. 确定近用距离； c. 测量近用瞳距； d. 根据需要检测调节幅度； e. 确定初步近附加量； f. 确定老视附加量； g. 试戴，调整处方，确定老视验光参数； h. 开具处方	关键

续表

序号	测评项目				测评内容	不符合项级别
39	5 服务要求	5.3 验光	5.3.2 验光流程	5.3.2.5 渐变焦验光	a. 双眼视功能检查时，表现为近眼位正常但调节过度或近眼位外隐斜者，不宜配戴渐变焦眼镜； b. 通过问诊了解配镜者的用眼习惯和方式； c. 根据常规验光数据和视功能检测数据，确定屈光处方； d. 选择镜片及镜架，并作适当调校； e. 确定配镜十字，并进行单侧瞳距及瞳高的测量； f. 确定配镜参数； g. 渐变焦眼镜制作完成后，进行成镜检测； h. 交付渐变焦眼镜时，观察配适并进行使用指导	关键
40			5.3.3 验光要求		采取主观和客观相结合的验光方式	关键
41			5.3.4 验光单据		5.3.4.1 常规验光处方应包括但不限于以下内容： a. 顾客信息：姓名、性别、年龄； b. 屈光信息：左右眼、球镜、柱镜、轴位、棱镜度及基底取向、瞳距（远、近）、附加光度、矫正视力； c. 验光信息：验光日期和验光人员签名； d. 顾客验光参数、实际配镜参数	关键
42					5.3.4.2 渐变焦验光处方应包括但不限于以下内容： a. 顾客信息：姓名、性别、年龄； b. 屈光信息：左右眼、球镜、柱镜、轴位、棱镜度及基底取向、单侧瞳距、瞳高、附加光度、矫正视力； c. 验光信息：验光日期和验光人员签名； d. 顾客验光参数、实际配镜参数	关键
43		5.4 配镜	5.4.1 应制定装配加工工作流程和要求			主要

续表

序号	测评项目			测评内容	不符合项级别
44	5 服务要求	5.4 配镜	5.4.2 加工流程	5.4.2.1 确定加工处方单，理解配镜要求	关键
45				5.4.2.2 核对镜架、镜片规格和品牌与加工单是否相符	关键
46				5.4.2.3 检查镜片、镜架外观质量，确定眼镜装配参数	关键
47				5.4.2.4 确定镜片加工中心	关键
48				5.4.2.5 制作镜架、镜片模板	关键
49				5.4.2.6 磨边	关键
50				5.4.2.7 装配，对眼镜进行整形、清洁、复核	关键
51			5.4.3 定配单据	5.4.3.1 每副定配眼镜应有符合验光单据的要求	关键
52				5.4.3.2 每副定配眼镜应有配镜加工单和检测合格证明	关键
53				5.4.3.3 配镜加工单应包含相关信息，包括但不限于： a. 验光处方信息； b. 镜架信息：品牌、规格、型号、材质、色号、价格等； c. 镜片信息：品牌、折射率、材质、颜色、价格等； d. 加工信息：加工人员、加工完成日期等	关键
54		5.5 检验	5.5.1 应制定检验工作流程和要求		次要
55			5.5.2 检验要求	5.5.2.1 配装眼镜应按 GB 13511.1 和 GB 13511.2 要求 100%进行交付检验	主要
56				5.5.2.2 根据验光处方进行配装眼镜质检时，如有一项不合格，则该副眼镜为不合格，应返修或重新加工；产品检验合格，出具产品质量检验合格证明	主要
57				5.5.2.3 配装加工和眼镜检验应由不同人员进行	主要
58			5.5.3 检验单据	5.5.3.1 检验记录应有配镜者和眼镜店的相关信息，检验人员签名和检验日期等	次要
59				5.5.3.2 每副配装眼镜应具有完整、准确、真实、可追溯的质检原始记录，原始记录按要求妥善保存	次要

续表

序号	测评项目			测评内容	不符合项级别
60	5 服务要求	5.5 检验	5.5.4 不合格品的处理	5.5.4.1 应建立不合格品处理制度，建立和保存验配加工的不合格产品处理记录	次要
61				5.5.4.2 对不合格产品进行控制，对不合格产品的原因进行识别和分析，及时采取纠正措施，消除不合格的原因，防止不合格再发生	次要
62			5.5.5 委外要求	对委外加工配镜和检验的，应满足基本要求中对服务人员、服务设备、产品、服务环境的有关要求，以及服务要求中对配镜和检验的有关要求	次要
63		5.6 调校		5.6.1 眼镜交付时，应按配镜者头型进行试戴调校，眼镜应视物清晰，无视觉疲劳，无压痛感，外形美观	主要
64				5.6.2 光学调校项目包括眼镜片光学中心的高度、眼镜的前倾角、镜面角和镜眼距	主要
65				5.6.3 舒适调校项目包括鼻托间距大小、鼻托角度与鼻梁的匹配、眼镜架镜腿弯点长度	主要
66				5.6.4 美观调校项目包括戴镜位置高度合适、无左右偏移和倾斜	主要
67		5.7 包装		5.7.1 每副配装眼镜应使用专用眼镜布包装后放入眼镜盒或眼镜袋	次要
68				5.7.2 每副配装眼镜应有验光处方单、合格印鉴	次要
69				5.7.3 每副配装眼镜应有质保单、售后服务、投诉方式等文件	次要
70		5.8 交付		按照约定时间，向顾客交付商品和单据，主动介绍相关售后服务、眼镜保养和爱眼护眼知识	次要

续表

序号	测评项目			测评内容	不符合项级别
71	5 服务要求	5.9 售后	5.9.1 基本要求	遵守国家法律、法规，保护消费者合法权益，切实履行售后服务和消费承诺，如清洗、修理、退换货等服务	关键
72			5.9.2 服务流程	5.9.2.1 售出眼镜产品发生质量事故的，应查明原因，与顾客商定和实施善后处理方案，必要时追回已发出的相关产品	关键
73				5.9.2.2 戴镜不适受理流程包括但不限于： a. 进行售后服务登记； b. 按照验光处方单和配镜加工单要求，检测眼镜光学参数； c. 重新验光； d. 重新进行光学调校和舒适调校； e. 对受理内容、质量状况和处理意见进行售后服务记录	关键
74				5.9.2.3 眼镜质量投诉受理流程包括但不限于： a. 核对配镜加工单内容与实物是否一致； b. 进行售后服务登记； c. 对受理内容、质量状况和处理意见进行售后服务记录	关键

2. 服务管理审查

参考团标T/SPEMF 0026—2021《验光配镜服务要求》，对申请服务认证验光配镜实体门店的管理要求进行符合性审查，审查内容见表3-4。

（五）产品检验

眼镜作为个人定制产品，其质量及适配度至关重要，产品检验是重要的认证环节。审查组需确定一位体验顾客，选择具有比较典型近视和散光度数的人员。门店现场进行验光配镜，为其定配1副眼镜。该眼镜作为抽样样品，送到实验室按照GB 13511.1和GB 13511.2进行检测，定配眼镜的合格率应达到100%。

同时，该体验顾客应提供三级及以上医院或机构认可的验光配镜门店的验光处方单，双方或几方的处方单中镜片顶焦度偏差应在±0.25屈光度范围内。

（六）认证结果评价

1. 审查结论判定

审查结论分为“推荐不通过”和“推荐通过”。

（1）推荐通过

若审查结果证明申请方的服务管理体系有效运行且验光配镜实体门店的服务满足评估准则通过要求，则审查结论为“推荐通过”，并按不符合项级别和数量推荐验光配镜实体门店所能满足的等级，包括AAAAA级、AAAA级或AAA级。

（2）推荐不通过

①若审查过程中发现认证申请方提供材料虚假，或认证实体门店的服务提供不能满足评估准则，且在规定时间内未采取有效的纠正措施完成整改，证据不足且提供的材料不能充分证明其符合性，认证申请方在双方约定时间内不能提供补充材料或材料不充分，则审查结论为“推荐不通过”。

②产品检验不合格，则审查结论为“推荐不通过”。

2. 认证批准

认证机构对验光配镜服务特性测评和服务管理的审查结果，以及产品检验结果进行综合评价，确定最终的认证结果和认证等级。

表3-4 验光配镜服务管理审查内容

序号	技术指标		考核内容	不符合项级别
1	6 管理要求	6.1 通用要求	6.1.1 组织应以服务流程为中心建立服务体系，确保其实施和保持，并持续改进其有效性。组织应： a. 明确验光配镜相关服务过程，确定服务过程的顺序和相互作用； b. 确定和应用所需要的准则和方法，以确保服务过程的有效运行和控制； c. 确保可以获得必要的资源和信息，以支持服务提供的运行和控制； d. 监视、测量（适用时）和分析这些过程； e. 实施必要的措施，以改进过程和服务体系。 注：实体门店的相关管理要求可依据其总公司的相关管理规定执行	次要
2			6.1.2 针对组织所选择的任何影响服务符合要求的外部供方提供过程或服务，组织应确保对其实施控制。对此类外部供方提供过程或服务的控制类型和程度应在服务体系中加以规定	次要
3		6.2 服务管理	6.2.1 建立销售服务管理制度，识别服务关键点，规范服务工作	次要
4			6.2.2 建立采购管理制度，对供应商定期评价，并保存产品采购和入库检验记录	次要
5			6.2.3 制定售后服务管理制度，设立专门的售后服务部门或指定专人处理售后事宜	次要
6			6.2.4 建立顾客沟通反馈渠道、消费者投诉和媒体信息反馈的社会监督机制	次要
7			6.2.5 建立顾客投诉处理机制，在规定时间内响应投诉，并做好处理记录，对投诉处理情况进行跟踪回访	次要
8		6.3 顾客管理	6.3.1 建立顾客服务信息，包括验光数据、配镜习惯、特殊需求等	次要

续表

序号	技术指标		考核内容	不符合项级别
9	6 管理要求	6.3 顾客管理	6.3.2 建立顾客信息档案，包括联系方式、销售日期和产品的相关信息，并记录和保存	次要
10			6.3.3 建立顾客反馈评价信息，包括售后服务、投诉记录、满意度评价等，并进行定期回访	次要
11		6.4 服务补救	6.4.1 发生影响顾客安全、服务中断或紧急情况时，在恢复正常服务和采取临时措施之前，应向顾客作出有关事故说明、所涉风险、联系方式等信息	次要
12			6.4.2 当出现服务失败时，包括来自投诉的服务失败，验光配镜门店应： a. 对服务失败及时作出应对； b. 通过下列活动，评价是否需要采取措施，以消除产生服务失败的原因，避免再次发生： ——评审和分析服务失败； ——确定服务失败的原因； ——确定是否存在或可能发生类似的服务失败； ——实施所需的补救措施； ——评审所采取的补救措施的正确性和有效性	次要
13		6.5 服务分析和改进	6.5.1 调取验光配镜门店满意度调查的记录50份，满意2分、一般1分、不满意0分。客户评价满意率指标为50位配镜顾客评价总分≥90分	次要
14			6.5.2 收集顾客意见或申诉、投诉，分析原因，并针对性整改和制定预防措施	次要
15			6.5.3 制定并实施员工培育规划，提高职业素养、技能水平和服务意识	次要

（七）获证后的监督

一般情况，从获证之日起每12个月进行一次定期监督，定期监督的审查内容和方式和初次认证基本相同。若获证组织在证书有效期内出现以下情况之一，认证机构可视情况增加不定期监督频次：

①获证门店出现重大安全事故（如资金损失、人身安全事件等）。

②认证机构有足够理由对获证门店与本实施规则中规定的标准要求的符合性提出质疑时。

③相关主管机构或采信方的要求。

④认证机构认为有必要增加不定期监督的其他情况。

（八）再认证

认证证书有效期为3年，证书的有效性通过获证后的监督得以保持。证书期满前，若持证人申请继续持有认证证书，通常应提前90天启动再认证活动，认证机构根据再认证结果，决定是否延续认证证书。如果认证证书到期前仍未完成再认证，认证机构按规定对证书进行暂停处置；如果能够在证书到期后6个月内完成再认证，则可以恢复认证证书的有效性。

新认证证书上的颁证日期应不早于再认证决定日期，终止日期应基于上一个认证周期。

再认证的审查方式和初次认证基本相同。

（九）认证证书和标志的使用

认证证书和标志的使用应符合国家和认证机构相关规定。不同于产品认证，验光配镜服务认证的对象是实体门店，证书的使用应注意场所，标志的使用应注意加施方式和位置。

证书可以展示在文件、网站、通过认证的实体门店场所、广告和宣传资料中，或用于认证门店的广告宣传等商业活动，不得在认证覆盖的场所范围外使用。

认证标志可以加施在经认证机构备案的宣传资料、产品包装上，或者将认证标志悬挂在认证覆盖的场所范围内。

四、服务认证实施要求

（一）门店资质

应取得市场监管部门颁发的营业执照，经营范围需包含所申请的认证范围，并应具有合法经营资质和经营场所。如销售隐形眼镜，应具有医疗器械经营许可证。

（二）门店应配备的资源

1. 服务人员

门店应配备有符合认证规范要求的营业人员、验光人员、加工人员、检验人员、调校人员和设备管理人员，并应适时开展服务知识和技能培训，保障各岗位职责的有效实施。

2. 服务设备

门店应配置有符合认证规范要求的验光设备、加工设备和检验设备，定时进行消毒及日常维护，定期进行仪器设备的校准或者检定，确保设备的精确度和验配的准确性。设备可根据工艺要求做相应增加。门店必备的检验设备包括焦度计、眼镜测量卡，测厚仪、0.5 mm刻度不锈钢直尺和焦度表等。

验光设备和加工设备见表3-5、表3-6。

表3-5 门店必备的验光设备明细表

序号	设备名称	标准规范	主要用途	定期检定
1	综合验光仪	JJG 1097	集多种检查功能于一体	—
2	验光仪	JJG 892	检查屈光度	是
3	裂隙灯	YY 0065	检查眼前节及眼内部病变	—
4	检影镜	YY 0718	检影验光	—
5	验光镜片箱（含试戴架）	JJG 579	屈光检查	是
6	瞳距仪	JJG 952	测量瞳距	—
7	笔灯	—	检查瞳孔或斜视	—

续表

序号	设备名称	标准规范	主要用途	定期检定
8	标准对数视力表	JJG 1097	远、近视力测定	—
9	阅读灯	—	—	—

表3-6　门店必备的加工设备明细表

序号	设备名称	符合标准规范	主要用途
1	自动磨边机	GB/T 28217	通过形状扫描或数据输入进行镜片加工的磨边机
2	中心定位仪	—	用来确定镜片加工中心，视镜片的光学中心水平距离、光学中心高度和柱镜轴位等达到配装眼镜的质量要求
3	扫描仪	—	扫描全框镜架或镜片的形状，并支持数据存输
4	焦度计	JJG 580	检测眼镜光学参数
5	打孔机	QB/T 4104	专门为制作无框眼镜，对镜片打孔而设计的设备
6	开槽机	GB 3883.22	用于树脂镜片或玻璃镜片经磨边后在镜片边缘表面上开挖一定宽度和深度的沟槽
7	抛光机	JB/T 6090	对磨边后的镜片边缘进行抛光
8	整形钳	GB/T 6290	对镜架进行标准化调校或个性化调校
9	瞳距尺	—	测量镜架的参数
10	砂轮	GB/T 22682	磨镜片
11	电热器	QB/T 1876	调整板材镜架时，加热镜架
12	玻璃刀	QB/T 2097.1	加工玻璃镜片时，刻画镜片，除去多余镜片

（三）认证申请

1. 认证申请书

①申请组织，即持证人，可以是制造商、服务商或者验配门店。

②认证服务场所应为验配门店的实际地址，即认证审查实施的地址。

2. 资质文件

申请组织应提供以下文件，用于证实自身资质符合认证要求，包括但不限于：

①组织简介（包括组织机构图、验配流程、售后服务等）。

②委托人、验光配镜实体门店的营业执照/登记注册证明复印件。

③验光配镜服务的独立营业场所的租赁证明或产权证明。

④验光配镜的顾客信息。

⑤如销售隐形眼镜，需提供医疗器械经营许可证。

⑥人员资质证明材料（例如：资质证书、培训证明等）。

⑦为验光、配镜服务提供支持的主要设备清单。

⑧影响服务符合性的任何外包过程的信息。

⑨验配流程、服务规范等流程管理文件与要求。

⑩质量、安全等相关通过其他认证的相关资料。

⑪与实体门店的法律或合同关系。

⑫若申请者为代理人，须提交授权委托书、授权双方身份证复印件。

（四）现场审查的实施

审查组与申请组织商定审查时间。审查人日数根据验光配镜实体门店的规模确定，一般每个实体门店服务特性测评审查时间和管理审查时间各为1人日。

审查组负责报告服务特性测评的结论。服务特性测评如发现实体门店存在不符合，申请组织应在规定时间内按照评估准则要求，对未通过的项目采取有效的纠正措施并完成整改，向认证机构申请整改后验证审查。为验证认证申请方采取的纠正措施是否有效，认证机构可根据实际情况采用文件审查、现场审查等方式进行验证。如服务管理审查存在不符合，认证申请方应在规定的时间内，按照服务管理基本要求完成整改，并通过认证机构的验证。整改期一般为1个月，若到期未完成整改，按审查不通过处理。

必要时，审查组可采用顾客回访的方式进行服务特性或者服务管理的审查。审查组从顾客名录中随机抽选申请认证之日前半年内不少于5名验光配镜的顾客开展服务认证满意度调查，调查方式可以采用电话咨询、网络调研、问卷调查等方式。

（五）产品检验

审查组指派一名人员作为体验顾客，体验整个门店的验光配镜服务流程，同时将定制的含柱镜定配眼镜作为本次现场审查的抽样样品进行检验。同时，审查组还应获取该体验顾客在三级及以上医院或机构认可的验光配镜门店的验光处方单，将处方单进行对比，镜片顶焦度偏差应在±0.25屈光度范围内。

（六）审查后续工作

定配眼镜要在认证机构规定的时限要求内寄送实验室，逾期未邮寄的，认证机构会根据相关规定进行相应的证书处置。

申请组织应对每一次现场审查查的证据进行留存，留存内容包括但不限于：现场审查通知、审查计划、审查报告、抽样检验单、不符合项报告及相关整改资料等。

申请组织应在规定的时限内足额缴纳认证费用及检验费用。

第四章

眼镜和配镜标准

第一节 标准简介

一、国内外眼镜及配镜标准

（一）标准的重要性

折射率、色散等光学性能关系到镜片的清晰度和准确性，硬度、抗冲击力等物理性能关系到镜片的使用寿命，定配眼镜的验光、加工和检验环节会直接对消费者佩戴的舒适度和安全性产生影响。制定相关标准，以质量和安全为基础，对眼镜产品及验配要求的物化性质进行约束和统一，对于保证眼镜产品的质量和适配性至关重要。

行业发展初期，我国眼镜缺少统一标准，多以各省市或者各产业基地的地方标准和团体标准为主，同时与国际相关组织及主要贸易国家存在技术壁垒。不同的质量标准导致市场上眼镜产品的质量参差不齐，给消费者的选购带来了困难；同时，制造商面对国内外不同的技术要求，在各地及各国进出口交易都遇到了难题。制定统一标准，提高眼镜产品质量，提高定配技术能力，促进行业整体发展，消除国际贸易壁垒是我国当时亟待解决的问题

2016年4月，李克强总理在国务院常务会议上指出："标准和产品质量紧密相连，我们要制造高质量的产品，建设制造强国，必须有先进的标准作为支撑。"2016年9月，在国务院办公厅印发的《消费品标准和质量提升规划（2016—2020年）》的推动下，眼镜行业加大了把国际标准转化为国家标准的力度，先后发布国家标准5项，行业标准1项，增加了儿童眼镜系列标准，对口ISO/TC172/SC7眼科光学和仪器中的国际标准，转化20余项，眼镜领域标准一致性程度达90%以上。

标准的统一和标准体系的建设，能够促进眼镜产品质量的提升，并协助出口企业跨域国际技术贸易壁垒。我国眼镜领域标准体系的建设从眼镜行业国情出发，以维护消费者的视觉健康为己任，通过对标准化工作进行系统规划和全面指导，实现眼镜产品、验配服务、眼镜检测等行业各方面良性有序的发展。

（二）标准化组织

全国光学与光子学标准化技术委员会眼镜光学分技术委员会（机构代码 SAC/TC103/SC3）始建于1997年，是我国眼视光专业领域依法从事国家标准、行业标准制修订工作的技术机构。其主要工作范围是申报、制、修订国家标准，秘书处设在东华大学国家眼镜玻璃搪瓷制品质量检验检测中心，现有委员67名，分别来自科研院校、检验机构、产业链上下游眼镜企业。全国眼镜标准化中心为从事行业标准工作的技术组织，1981年由国家轻工业部（现中国轻工业联合会）批准成立，执行机构设在东华大学国家眼镜玻璃搪瓷制品质量检验检测中心。

在眼镜标准化国际组织中，眼镜光学分技术委员会对应国际眼科光学和仪器标准化分技术委员会 ISO/TC172/SC7，该组织秘书处现设在德国，共有22个正式成员国具有投票表决权，中国是其中之一；除此以外，还有若干个观察员国。全国眼镜标准化中心作为眼镜国际标准组织的中国技术对口单位代表，秘书处每年组织代表团参加ISO国际标准化会议，代表中国处理各类国际标准提案和技术文件60余件，投票完成及时率为100%；同时我国分别在2001年和2015年举办了两届国际眼科光学和仪器标准化年会，增强了我国在眼镜国际标化领域的影响力和话语权。

（三）国内外眼镜及配镜标准

表4-1列出了国内外光学镜架、老花镜、太阳镜、护目镜、游泳眼镜、毛坯镜片、配装眼镜的各项标准。

表4-1　国内外眼镜及配镜标准

序号	产品类别	目标市场	相关标准
1	光学镜架	全球	ISO 12870 “Ophthalmic optics-Spectacle frames-Requirements and test methods ”
		美国	ANSI Z80.5 “for Ophthalmics-Requirements for Ophthalmic Frames ”
		欧洲	EN ISO 12870 “Ophthalmic optics-Spectacle frames-Requirements and test methods ”
		澳大利亚	AS 2228.2 “Spectacles-Spectacle frames ”
		中国	GB/T 14214《眼镜架　通用要求和试验方法》

续表

序号	产品类别	目标市场	相关标准
2	老花镜	全球	ISO 16034 “Ophthalmic optics-Specifications for single-vision ready-to-wear near-vision spectacles ”
		欧洲	EN 14139 “Ophthalmic optics - Specifications for ready-to-wear spectacles ”
		美国	ANSI Z80.31 “for Ophthalmics-Ophthalmic Optics-specifications for Single-Vision Ready-to-Wear Near-Vision Spectacles ”
		澳大利亚	AS/NZS ISO 16034 “Ophthalmic optics-Specifications for single-vision ready-to-wear near-vision spectacles ”
		中国	GB 10810.1《眼镜镜片　第1部分：单光和多焦点镜片》 GB 13511.1《配装眼镜　第1部分：单光和多焦点》 GB/T 13511.3《配装眼镜　第3部分：单光老视成镜》
3	太阳镜	美国	ANSI Z80.3 “for Ophthalmics -Nonprescription Sunglasses and Fashion Eyewear-Requirements ”
		欧洲	EN 12312-1 “Eye and face protection-Sunglasses and related eyewear Part 1: Sunglasses for general use ”
		澳大利亚	AS/NZS 1067.1 “Eye and Face Protection-Sunglasses and fashion Spectacles Part 1: Requirements ”
		中国	GB 39552.1《太阳镜和太阳镜片　第1部分：通用要求》 GB/T 39552.2《太阳镜和太阳镜片　第2部分：试验方法》
4	护目镜	美国	ANSI Z87.1 “Occupational and Educational Personl Eye and Face Protection Devices ”
		欧洲	EN 166 “Personal eye-protection-Specifications ”
		澳大利亚	AS/NZS 1337.1 “Personal eye protection Part 1: Eye and face protectors for occupational applications ”
		加拿大	CSA Z94.3 “Eye and face protectors ”
		中国	GB 14866《眼面防护具通用技术规范》 GB 32166.1《个体防护装备　眼面部防护　职业眼面部防护具　第1部分：要求》
5	游泳眼镜	全球	ISO 18527-3 “Eye and face protection for sports use-Part 3: Requirements and test methods for eyewear intended to be used for surface swimming ”
		中国	QB/T 4734《游泳眼镜》

续表

序号	产品类别	目标市场	相关标准
6	毛坯镜片	全球	ISO 8980-1 "Ophthalmic optics-Uncut finished spectacle lenses-Part 1: Specifications for single-vision and multifocal lenses " ISO 8980-2 "Ophthalmic optics-Uncut finished spectacle lenses-Part 2: Specifications for power-variation lenses " ISO 8980-3 "Ophthalmic optics-Uncut finished spectacle lenses-Part 3: Transmittance specifications and test methods " ISO 8980-4 "Ophthalmic optics-Uncut finished spectacle lenses- Part 4: Specifications and test methods for anti-reflective coatings " ISO 8980-5 "Ophthalmic optics-Uncut finished spectacle lenses-Part 5: Minimum requirements for spectacle lens surfaces claimed to be abrasion-resistant " ISO 14889 "Ophthalmic optics- Spectacle lenses-Fundamental requirements for uncut finished lenses "
		美国	FDA 21CFR 801.410 "Drop Ball Test "
		中国	GB 10810.1《眼镜镜片　第1部分：单光和多焦点镜片》 GB 10810.2《眼镜镜片　第2部分：渐变焦镜片》 GB 10810.3《眼镜镜片及相关眼镜产品　第3部分：透射比规范及测量方法》 GB 10810.4《眼镜镜片　第4部分：减反射膜规范及测量方法》 GB 10810.5《眼镜镜片　第5部分：镜片表面耐磨要求》 QB/T 2506《眼镜镜片　光学树脂镜片》
7	配装眼镜	全球	ISO 21987 "Ophthalmic optics-Mounted spectacle lenses "
		中国	GB 13511.1《配装眼镜　第1部分：单光和多焦点》 GB 13511.2《配装眼镜　第2部分：渐变焦》

（四）国内外眼镜及配镜标准对比

与国外标准相比，国内标准分类比较细，如配装眼镜标准，国内标准分3类，分别是GB 13511.1《配装眼镜　第1部分　单光和多焦点》、GB 13511.2《配装眼镜　第2部分：渐变焦》和GB 13511.3《配装眼镜　第3部分：单光老视成镜》；太阳镜相关标准有GB 10810.3《眼镜镜片及相关眼镜产品　第3部分：透射比规范及测量方法》和GB 39552.1

《太阳眼镜和太阳镜片　第1部分：通用要求》；眼镜镜片标准有GB 10810.1《眼镜镜片　第1部分：单光和多焦点镜片》、GB 10810.3《眼镜镜片及相关眼镜产品　第3部分：透射比规范及测量方法》和QB/T 2506《眼镜镜片　光学树脂镜片》，上述标准内容相互重叠交叉，且部分技术要求不一致，企业和实验室均面临如何选择适用标准的困惑。

另外，纵观国内外眼镜相关标准，绝大部分只涉及眼镜相关产品的标准，然而消费者能否获得一副最清晰视力、最舒适用眼、最持久阅读的定制眼镜，其中至关重要的环节——眼镜验配服务相关标准却寥寥无几，国内的行业标准目前只有QB/T 5448《眼科光学　验光配镜技术规范》。眼镜验配服务和眼镜相关产品标准化工作任重而道远。

二、我国眼镜及配镜地方标准现状

1. 深圳市

深圳市在全国率先实施质量强市战略，于2016年5月发布第一批《深圳标准产品和服务目录》和深圳标准标识，成功打造“深圳标准”。2021年，深圳市卓越绩效管理促进会和深圳市眼镜行业协会联合发布4项团体标准T/SPEMF 0023《眼镜架》、T/SPEMF 0024《儿童眼镜架》、T/SPEMF 0025《太阳镜》、T/SPEMF 0026《验光配镜服务要求》。同年，全国首个视觉健康近视防控认证联盟在深圳正式成立，发布的首批认证目录中包括眼镜镜片、眼镜架和验光配镜服务认证，并计划制定眼镜相关团体标准，作为联盟认证的技术规范。

2. 上海市

上海市眼镜行业协会围绕“规范行业秩序，提升行业整体素质和质量共治”的主线，加强行业自律，用标准化建设规范行业，以地方标准制修订为切入口，先后牵头制定完成上海市地方标准DB31/T 494《验光配镜技术服务规范》和DB31/T 625《眼镜专业、专卖店（柜）服务质量规范》；同时，结合眼镜行业提供个性化服务的特殊性，编制完成上海市首部团体标准T31/15001–F001《眼镜验配企业技术质量要求》。重点围绕质量管控和质量监管，严格人员要求、操作流程以及各项技术和质量指标，并得到了不少企业的积极参与、贯彻，消费者满意度有所上升，投诉率大幅度下降。在对行业贯彻标准的同时，上海市眼镜行业协会还开展了面对消费者的团体标准知识传播，通过系列公益宣传活动，让消费者深入了解视力健康知识以及如何科学验配一副优质、清晰、舒适的眼镜，提高了消费者对验配眼镜的质量意识。

3. 北京市

由北京市质量技术监督局提出、归口并发布的北京市地方标准DB 11/T 156《验光配镜技术规范》于2016年12月1日正式实施，该标准由北京市质量技术监督局标准化处、产品质量监督处、中国眼镜协会及北京市标准化研究院的专家共同起草，多家眼镜企业共同参与。标准适用于从事验光、配镜业务的单位，对验光配镜的基本要求、验光配镜流程、配装眼镜包装、标志要求、售后服务要求等提出规定，随着行业标准QB/T 5448《眼科光学 验光配镜技术规范》的实施，该标准部分条款不再适应现有行业形势及服务认证的开展，已于2023年12月25日废止。

4. 湖北省

团体标准T/HYJ 001《验光配镜技术服务规范》于2018年1月1日实施，该标准由湖北省眼镜行业协会、武汉产品质量监督检验所、武汉市标准化研究院以及多家眼镜公司和眼科医院参与制定，规定了验光配镜的要求、验光配镜操作流程、定配眼镜随镜文件和包装要求、售后服务、采购以及团体标准标志的使用，适用于武汉市眼镜验光、配镜和零售经营性业务。

湖北省眼镜行业协会还组织制定了T/HYJ 002《定配眼镜 投诉服务规范》团体标准，及时有效解决消费者投诉问题。

第二节 产品标准解读及案例分析

一、产品标准解读

眼镜产品相关的检测项目可分为光学性能、物理机械性能、化学性能、配装精度等参数。不同产品类别及测试类别依据不同标准进行检测，以下按产品类别对我国眼镜产品的测试条款进行分析和解读。

（一）镜片

眼镜镜片的检测依据GB 10810.1《眼镜镜片　第1部分：单光和多焦点镜片》、GB 10810.2《眼镜镜片　第2部分：渐变焦镜片》、GB 10810.3《眼镜镜片及相关眼镜产品　第3部分：透射比规范及测量方法》和QB/T 2056《光学树脂眼镜片》，检测项目主要包括基本性能、透射比性能、表面耐磨性能、减反射膜性能、耐光辐照、折射率和色散系数、阻燃性、抗冲击性能。

1. 基本性能

（1）镜片顶焦度

顶焦度是以米为单位测得的镜片近轴顶焦距的倒数。根据眼科约定，将后顶焦度规定为镜片的顶焦度，表示单位为米的倒数（m^{-1}），单位名称为屈光度，符号为“D”。

顶焦度包含球镜顶焦度（主子午面一）、球镜顶焦度（主子午面二）、柱镜顶焦度。通俗说法就是“眼镜的度数”，球镜顶焦度是近视或者远视的度数，柱镜顶焦度就是散光度数。是直接关系到人眼视力矫正效果的最主要指标，也是消费者在配镜时最为关注的项目。

镜片的顶焦度允差应符合GB 10810.1—2005《眼镜镜片　第1部分：单光和多焦点镜片》中的规定，见表4–2。对于消费者而言，顶焦度允差越小，表示镜片度数越精准。

表4–2　镜片顶焦度允差　　单位：D

<table>
<tr><th rowspan="2">顶焦度绝对值最大子午面上的顶焦度值</th><th rowspan="2">每主子午面顶焦度允差</th><th colspan="4">柱镜顶焦度允差</th></tr>
<tr><th>≥0.00和≤0.75</th><th>>0.75和≤4.00</th><th>>4.00和≤6.00</th><th>>6.00</th></tr>
<tr><td>≥0.00和≤3.00</td><td rowspan="3">±0.12</td><td>±0.09</td><td rowspan="2">±0.12</td><td rowspan="3">±0.18</td><td rowspan="5">±0.25</td></tr>
<tr><td>>3.00和≤6.00</td><td rowspan="3">±0.12</td></tr>
<tr><td>>6.00和≤9.00</td><td rowspan="2">±0.18</td></tr>
<tr><td>>9.00和≤12.00</td><td>±0.18</td><td rowspan="2">±0.25</td></tr>
<tr><td>>12.00和≤20.00</td><td>±0.25</td><td>±0.18</td><td rowspan="2">±0.25</td></tr>
<tr><td>>20.00</td><td>±0.37</td><td>±0.25</td><td>±0.37</td><td>±0.37</td></tr>
</table>

以表4–3所示的定配眼镜处方单为例。

表4-3　定配眼镜处方单

简写代码	球镜/柱镜×轴向	瞳距（PD）
DISTANCE（远用）	R-4.25/-1.00×100	远 65.0
	L-4.50/-1.00×100	

此处方单中："R"表示右眼；"-4.25"表示近视425度；"-1.00"表示散光100度；"×100"表示散光方向或位置；左眼（L）同理。

双眼顶焦度绝对值最大的主子午面上的顶焦度值为5.50D（>3.00D和≤6.00D），柱镜顶焦度为1.00D（>0.75D和≤4.00D），对应标准GB 10810.1—2005《眼镜镜片　第1部分：单光和多焦点镜片》中规定的镜片顶焦度偏差，该镜片顶焦度偏差应符合表4-2规定。球镜每主子午面顶焦度允差和柱镜顶焦度允差均为±0.12D。

即以此处方单配装出的眼镜顶焦度测试结果在以下范围内才能符合国家标准GB 13511.1—2011《配装眼镜　第1部分：单光和多焦点》的要求。

右：球镜（主子午面一）：-4.25D±0.12D

球镜（主子午面二）：-5.25D±0.12D

柱镜：-1.00D±0.12D

左：球镜（主子午面一）：-4.50D±0.12D

球镜（主子午面二）：-5.50D±0.12D

柱镜：-1.00D±0.12D

顶焦度偏差是检查眼镜度数与配镜处方度数是否一致。按照GB 10810.1—2005《眼镜镜片　第1部分：单光和多焦点镜片》中的要求，按照不同的顶焦度区间，考虑到人眼对度数偏离的可接受的程度，允许有不同的偏差范围。顶焦度偏差越小，度数越准；偏差超出允许偏差，将导致戴镜者视力欠矫或过矫，引起调节功能不全、调节反应时间延长，造成视疲劳现象，长期佩戴会使眼睛的自身调节能力下降，严重伤害戴镜者的视力，特别是对成长中的青少年的眼睛伤害巨大。

（2）柱镜轴位方向

镜片上选为顶焦度参照基准的主子午面的方向，此项适用于多焦点镜片以及附有预定方位的单光眼镜镜片。柱镜轴位方向允差见表4-4。

表4-4　柱镜轴位方向允差

柱镜顶焦度值/D	≤0.50	>0.50和≤0.75	>0.75和≤1.50	>1.50
轴位允差/（°）	±7	±5	±3	±2

（3）多焦点/渐变焦镜片的附加顶焦度

多焦点/渐变焦镜片的附加顶焦度是近用顶焦度与远用顶焦度的差值。附加顶焦度偏差应符合表4–5规定。

表4–5 多焦点镜片的附加顶焦度允差

附加顶焦度值/D	≤4.00	>4.00
允差	±0.12	±0.18

（4）光学中心和棱镜度

被测镜片的标称棱镜度为零时，光学中心偏差由镜片几何中心处的棱镜度表示；如被测镜片是多焦点镜片、渐变焦镜片或处方棱镜度镜片，在棱镜基准点处测量其棱镜度偏差。光学中心和棱镜度偏差见表4–6。

表4–6 光学中心和棱镜度的允差

棱镜度（Δ）	水平棱镜允差（Δ）	垂直棱镜允差（Δ）
0.00~2.00	±（0.25+0.1×S_{max}）	±（0.25+0.05×S_{max}）
>2.00~10.00	±（0.37+0.1×S_{max}）	±（0.37+0.05×S_{max}）
>10.00	±（0.50+0.1×S_{max}）	±（0.50+0.05×S_{max}）

注：S_{max}表示绝对值最大的子午面上的顶焦度值。

以表4–3处方单为例：处方单中瞳距为65.0mm。双眼顶焦度绝对值最大的主子午面上的顶焦度值为5.50D（≥4.25D），对应标准GB 13511.1—2011《配装眼镜 第1部分：单光和多焦点》中规定的定配眼镜的两镜片光学中心水平距离偏差，该镜片光学中心水平距离偏差应符合表4–6规定。光学中心水平距离允差为±2.0mm。即以此处方单配装出的眼镜光学中心水平距离测试结果在65.0mm±2.0mm的范围内才能符合国家标准GB 13511.1—2011要求。

光学中心水平距离是衡量定配眼镜产品光学中心加工位置是否正确的一个指标。当镜片的光学中心水平距离与瞳孔大致相等时，此时人眼视物不需要进行调节，眼睛处于最舒服的状态；如果光学中心水平距离偏差过大，即镜片光学中心水平距离和瞳距不一致，导致物像移位，为了视物清晰，人眼会在水平方向进行调节，但调节幅度和持续时间是有限的，长期佩戴，对眼睛伤害很大，会使眼肌失去平衡，易发生视疲劳、斜视、弱视等不良反应。

（5）棱镜度基底取向

棱镜度基底取向分解为水平方向和垂直方向。各分量的偏差应符合表4–6规定。

（6）材料和表面的质量

以材料和表面的质片基准点为中心，直径30mm的区域内，不应有可能有害视觉的各类疵病。在此鉴别区域外，可允许孤立、微小的表面缺陷。

（7）几何尺寸

①镜片尺寸

标称尺寸（d_n）：由制造厂标定的尺寸（以mm为单位）；

有效尺寸（d_e）：镜片的实际尺寸（以mm为单位）；

使用尺寸（d_u）：光学使用区的尺寸（以mm为单位）；

有效尺寸d_e：$d_e \leqslant d_e \leqslant d_n+2$；

使用尺寸d_u：$d_u \geqslant d_n-2$。

②厚度

镜片的基准点厚度应≥1.0mm，且有效厚度测量值与标称值的允差为±0.3mm。

（8）多焦点/渐变焦镜片的子镜片尺寸

子镜片的每项尺寸（宽度、深度和过渡区深度）允差为±0.5mm。作为配对的镜片，子镜片每项尺寸的配对互差应≤0.7mm。

2. 透射比性能

（1）可见光透射比

可见光透射比越高，人眼视物越清晰。为了使镜片的清晰度高，除了选择品质高的单体外，镜片企业还从镜片的膜层入手，为镜片镀上一层薄薄的减反射膜，以此来减少入射光的反射，增加透射。可见光透射比的计算见公式：

$$\tau_V = \frac{\sum\limits_{380\text{nm}}^{780\text{nm}} \tau(\lambda) V(\lambda) s_{D65}(\lambda) \Delta\lambda}{\sum\limits_{380\text{nm}}^{780\text{nm}} V(\lambda) s_{D65}(\lambda) \Delta\lambda} \times 100\%$$

式中　τ_V——可见光透射比；

$\tau(\lambda)$——光谱透射比；

$V(\lambda)$——日光下平均人眼光谱光视效率函数；

$S_{D65}(\lambda)$——CIE标准光源D_{65}的光谱分布函数；

$\Delta\lambda$——5nm或者10nm。

透射比性能应符合表4–7、表4–8和表4–9透射比要求。

对于光致变色镜片而言，褪色状态下的τ_v（0）应满足表4–7和表4–9中的要求，经过15min光照后变色状态下的τ_v（15）应满足表4–8的要求。

对于驾驶用镜类而言，日用驾驶镜的透射比$\tau_v \geq 8\%$，夜用驾驶镜的透射比$\tau_v \geq 75\%$。

表4–7 眼镜类透射比要求（GB 10810.3）

分类	可见光谱区	紫外光谱区	
	τ_V（380~780nm）	τ_{SUVA}（315~380nm）	τ_{SUVB}（280~315nm）
UV-1	>80%	≤1%	≤1%
UV-2		1%<τ_{SUVA}≤10%	
UV-3		10%<τ_{SUVA}≤30%	

注1：装成老视镜或近用镜只需满足可见光谱区的透射比要求即可。

注2：装成镜左片和右片的光透射比相对偏差。$\frac{|\tau_{V左}-\tau_{V右}|}{(\tau_{V左},\tau_{V右})_{max}} \leq 15\%$。

表4–8 太阳镜类透射比要求（GB 39552.1）

分类	可见光谱区	紫外光谱区	
	τ_V（380~780nm）	τ_{SUVA}（315~380nm）	τ_{SUVB}（280~315nm）
1	43%<τ_V≤80%	≤5%	≤1%
2	18%<τ_V≤43%		
3	8%<τ_V≤18%		
4	3%<τ_V≤8%	≤0.5τ_v	

注1：装成太阳镜左片和右片之间的光透射比相对偏差$\frac{|\tau_{V左}-\tau_{V右}|}{(\tau_{V左},\tau_{V右})_{max}} \leq 15\%$。

注2：夜用驾驶镜在紫外光谱范围内无要求。

表4–9 眼镜类透射比要求（QB/T 2506）

分类	可见光谱区	紫外光谱区	
	τ_V（380~780nm）	τ_{SUVA}（315~380nm）	τ_{SUVB}（280~315nm）
0	τ_V≥80.0%	≤τ_V	≤0.05τ_V
1	43.0%<τ_V≤80.0%	≤τ_V	≤0.05τ_V
2	18.0%<τ_V≤43.0%	≤0.5τ_V	≤1.0%或0.05τ_V（以较大值为准）

续表

分类	可见光谱区	紫外光谱区	
	τ_V（380~780nm）	τ_{SUVA}（315~380nm）	τ_{SUVB}（280~315nm）
3	8.0%<τ_V≤18.0%	≤0.5τ_V	≤1.0%
4	3.0%<τ_V≤8.0%	≤1.0%或0.25τ_V（以较大值为准）	≤1.0%

（2）紫外透射比

①紫外透射比τ_{SUVA}计算公式：

$$\tau_{SUVA}=\frac{\sum_{315nm}^{380nm}\tau(\lambda)E_s(\lambda)S(\lambda)\Delta\lambda}{\sum_{315nm}^{380nm}E_s(\lambda)S(\lambda)\Delta\lambda}\times 100\%$$

式中　τ_{SUVA}——紫外透射比（315~380nm）；

$\tau(\lambda)$——光谱透射比；

$E_s(\lambda)$——空气质量为2时的海平面的太阳光谱功率分布函数；

$S(\lambda)$——紫外辐射的相对光谱有效函数；

$\Delta\lambda$——5nm。

②紫外透射比τ_{SUVB}的计算见公式：

$$\tau_{SUVB}=\frac{\sum_{280nm}^{315nm}\tau(\lambda)E_s(\lambda)S(\lambda)\Delta\lambda}{\sum_{280nm}^{315nm}E_s(\lambda)S(\lambda)\Delta\lambda}\times 100\%$$

式中　τ_{SUVB}——紫外透射比（280~315nm）；

$\tau(\lambda)$——光谱透射比；

$E_s(\lambda)$——空气质量为2时的海平面的太阳光谱功率分布函数；

$S(\lambda)$——紫外辐射的相对光谱有效函数；

$\Delta\lambda$——5nm。

紫外透射比应符合表4-7、表4-8和表4-9中的要求。

（3）明示透射比

当镜片明示透射比为x%时，则透射比应不小于（x-0.5）%，其中明示透射比包括明示可见光透射比、明示蓝光透射比和明示紫外透射比；当镜片明示紫外截止波长，则截止波长以下的光谱透射比τ（λ）应不大于2%。

（4）蓝光透射比

①蓝光透射比（QB/T 2506）

蓝光透射比的计算见公式：

$$\tau_{sb}=\frac{\sum_{280nm}^{500nm}\tau(\lambda)E_s(\lambda)B(\lambda)\Delta\lambda}{\sum_{280nm}^{500nm}E_s(\lambda)B(\lambda)\Delta\lambda}\times 100\%$$

式中　τ_{sb}——蓝光透射比；

$\tau(\lambda)$——光谱透射比；

$E_s(\lambda)$——空气质量为2时的海平面的太阳光谱功率分布函数；

$B(\lambda)$——蓝光危险系数；

$\Delta\lambda$——5nm。

②蓝光透射比（GB/T 38120）

385nm≤λ<415nm、415nm≤λ<445nm、445nm≤λ<505nm范围的光透射比T，按以下公式计算：

$$T_{(\lambda_1-\lambda_2)}=\frac{\int_{\lambda_1}^{\lambda_2}E_1(\lambda)\mathrm{d}\lambda}{\int_{\lambda_1}^{\lambda_2}E_0(\lambda)\mathrm{d}\lambda}$$

式中　λ——波长，nm；

E_0（λ）——光源初始光谱能量分布；

E_1（λ）——光路中加入镜片后的光谱能量分布。

当镜片明示具有蓝光防护功能时，应同时满足表4-10和表4-11蓝光透射比要求。

表4-10　蓝光透射比要求（QB/T 2506）

镜片分类	0类	1～4类
标准要求	≤0.93τ_V	≤τ_V

表4-11　蓝光透射比要求（GB/T 38120）

光谱范围λ/nm	光透射比要求
385≤λ<415	<75%
415≤λ<445	≤80%
445≤λ<475	>80%
475≤λ<505	>80%

（5）红外光透射比

红外光透射比的计算公式：

$$\tau_{SIRA}=\frac{\sum_{780nm}^{1400nm}\tau(\lambda)E_s(\lambda)\Delta\lambda}{\sum_{780nm}^{1400nm}E_s(\lambda)\Delta\lambda}\times100\%$$

式中 τ_{SIRA}——红外光透射比；

$\tau(\lambda)$——光谱透射比；

$E_s(\lambda)$——空气质量为2时的海平面的太阳光谱功率分布函数；

$\Delta\lambda$——5nm。

当镜片明示具有红外辐射防护功能时，其红外光透射比$\tau_{SIRA}\leqslant T_v$。

（6）光谱透射比（500～650）nm/（475～650）nm

对于驾驶用镜类而言，应满足在（500～650）nm和（475～650）nm波段内任意波长处的光谱透射比τ（λ）$\geqslant0.2\tau_V$。

注：（500~650）nm波段光谱透射比计算依据GB 10810.3，（475～650）nm波段光谱透射比计算依据QB/T 2506、QB/T 2659和GB 39552.1。

（7）相对视觉衰减因子Q

交通信号灯识别的相对视觉衰减因子Q，主要用于识别交通信号的能力，计算公式：

$$Q=\frac{\tau_{SIGN}}{\tau_V}$$

式中 Q——相对视觉衰减因子；

τ_{SIGN}——交通信号透射比；

τ_V——可见光透射比。

对于驾驶用镜类而言，其值应满足表4-12要求：

表4-12 相对视觉衰减因子Q要求

交通信号灯颜色		红色	黄色	绿色	蓝色
标准要求	GB 10810.3	≥0.8	≥0.8	≥0.6	≥0.4
	QB/T 2506	≥0.8	≥0.6	≥0.6	≥0.4
	GB 39552.1	≥0.8	≥0.6	≥0.6	≥0.6
	QB/T 2659	≥0.8	≥0.6	≥0.6	≥0.6

（8）光致变色响应值

褪色状态下的可见光透射比记作τ_V（0），经过15min辐照后，变色状态下的可见光透射比记作τ_V（15），τ_V（0）/τ_V（15）≥1.25。

（9）偏振轴位和偏振比值/效率

①偏振轴位和偏振比值

如果镜片带有偏振面的标志，则实际测得的偏振面与标志之间的偏差应在−3°～＋3°。平行于偏振面方向上的光透射比和垂直于偏振面方向上的光透射比，1类应大于4：1，2类、3类、4类应大于8：1。

②偏光效率

偏光效率P的计算公式：

$$P = 100 \times \frac{\tau_{p,max} - \tau_{p,min}}{\tau_{p,max} + \tau_{p,min}} \%$$

式中　P——偏光效率；

$\tau_{p,max}$——平行于偏振面方向上的光透射比；

$\tau_{p,min}$——垂直于偏振面方向上的光透射比。

偏光效率1类应大于60%，2类、3类、4 类应大于78%。

3. 表面耐磨性能

（1）最低耐磨要求

摩擦工具套筒的橡皮头包裹12层脱脂纱布，保持（5±1）N的压力对镜片表面往返摩擦25个回合，摩擦过程中摩擦工具应与镜片垂直，摩擦轨迹应通过几何中心处，长度（30±5）mm，平均速度为1回合/s，试验后镜片摩擦范围内不应有可见的划痕磨损和磨损面。

（2）加强型耐磨要求

将镜片置于雾度仪上测定镜片中心区域的初始雾度H_0，然后将镜片凸面朝上置于摩擦仪上，镜片凸面上施加5层以上钢丝绒和荷重砝码等，总质量为（750±15）g。启动摩擦仪，往复摩擦1000次，清洁镜片后将重新测定镜片中心区域的雾度H_1，则H=（H_1−H_0）×0.8。镜片的雾度值是指透过镜片而偏离入射光线的散射光通量与总透射光通量的比值，用雾度值表示加强型耐磨要求，当镜片具有明示“耐磨”性能时，试验后的雾度值H_0≤0.8%。

4. 减反射膜性能

（1）光反射比

镜片反射的光通量与入射光通量的比值，用ρ_V表示，其计算公式：

$$\rho_{V}=\frac{\sum_{390\text{nm}}^{780\text{nm}}\rho(\lambda)V(\lambda)s_{D65}(\lambda)\Delta\lambda}{\sum_{390\text{nm}}^{780\text{nm}}V(\lambda)s_{D65}(\lambda)\Delta\lambda}\times100\%$$

式中 ρ_V——光反射比；

$\rho(\lambda)$——光谱反射比；

$V(\lambda)$——日光下平均人眼光谱光视效率函数；

$s_{D65}(\lambda)$——CIE标准光源D_{65}的光谱分布函数；

$\Delta\lambda$——5nm。

镜片单表面的光反射比应小于1.5%或镜片双表面的光反射比应小于3.0%。

（2）膜层均匀性

镜片中心直径约30mm内，边缘与中心的光反射比公式差值$\left|\rho_{中心}-\rho_{边缘}\right|<0.3\%$。

（3）外观

①表面质量

镜片的膜层在以镜片基准点为中心，直径30mm的区域内，不应有可能有害视觉的各类疵病。在此鉴别区域外，可允许孤立、微小的表面缺陷。

②色斑

镜片的膜层在反射光中观察到，而在透射光中观察不到的局部干涉色不应有明显的突变。

（4）盐水试验

镜片浸没于约400mL盐水中，在（37±2）℃下保持7h后，表面膜层不应显示任何目视疵病，如皱皮、剥皮、裂缝、痕迹、云雾状等缺陷。

（5）低温试验

镜片放在冰箱中（–18±3）℃保持2h，取出并在室温下放置30min后，表面膜层应无龟裂、脱落。

（6）高温试验

镜片放在烘箱中（55±2）℃保持30min，取出并在室温下放置30min后，表面膜层应无龟裂、脱落。

（7）膜层附着力

将镜片置于电热恒温水浴锅的托架上，设置水温（40±2）℃并在相应的湿度下保持16h，然后取出在室温下放置30min。用切割刀具以均匀的力和速率在镜片前后表面的近边缘处切割，前后表面各形成2个5mm×5mm且间距1mm的方格区域。将透明胶粘带粘在网格区域上并压平，向上以90°的角度，快速地撕离胶粘带，再重复一次“粘贴”和“撕离”过程。试验后，表面膜层有部分剥落的方格数应小于15%，且任何一个1mm×1mm的方格不应出现整个脱膜。

（8）镀膜区域的使用尺寸

镀膜区域的$d_u \geqslant d_n-4$（适用于镀膜镜片）。

5. 耐光辐照

（1）紫外透射比

辐照50h后，紫外透射比应满足表4-7的要求。

（2）可见光透射比绝对值变化

辐照前后的光透射比绝对值变化应不大于5%。

（3）明示透射比

辐照50h后，明示的透射比应满足前述镜片标准“2.透射比性能”中“（3）明示透射比”的要求。

（4）反射性能

辐照50h后，光反射比应满足前述镜片标准“4.减反射膜性能”中“（1）光反射比”的要求。

（5）光致变色响应值

辐照50h后，$\tau_V(0)/\tau_V(15) \geqslant 1.25$。

6. 折射率和色散系数

折射率测量值与标称值的允差为±0.005；色散系数测量值与标称值的相对偏差为±5%。

7. 阻燃性

（650±20）℃的加热钢棒垂直落在镜片表面，停留5s后，镜片不应继续燃烧。

8. 抗冲击性能

直径为16mm，质量为16g的钢球自1.27m的高度自由下落冲击镜片的凸面几何中心处1次后，具有明示安全防护功能的镜片不应出现下列情况之一：镜片裂成两块或两块以上；镜片的近眼面有碎片脱落；镜片被直接穿透。

（二）镜架

眼镜镜架的检测依据GB/T 14214—2019《眼镜架 通用要求和试验方法》，检测项目主要包括外观质量、尺寸偏差、高温尺寸稳定性、包覆层性能、机械性能稳定性、阻燃性、耐光辐照（选择性条款）和镍析出试验（选择性条款）。

1. 外观质量

镜架表面应光滑，无毛疵和凸点，无明显划痕、边缘圆润。

2. 尺寸偏差

（1）方框法水平镜片尺寸偏差：±0.5mm。

（2）片间距离偏差：±0.5mm。

（3）镜腿长度偏差：±2.0mm。

3. 高温尺寸稳定性

镜架在镜腿自然打开的状态下，放在（55±5）℃的加热箱下2h，自然环境中冷却2h后，测量镜腿末端距离的前后变化量。其变化量应控制在［−12mm，+6mm］内，对于前框的背面到镜腿末端的尺寸小于100mm的小镜架，变化量应控制在［−10mm，+5mm］内。

4. 包覆层性能

（1）抗汗腐蚀

样品放置在盛有人造汗液容器的支架上，并将容器放在（55±5）℃的加热箱中，经8h试验，眼镜架任何部位（不包括铰链和螺丝），不出现斑点或变色（不包括表面失光）；经24h试验，镜腿内侧、镜框的底部和下部，鼻梁内侧的包覆层不出现腐蚀、表面退化或脱落。

（2）包覆层结合力

①金属材料镜腿：使一侧镜腿受力弯曲成夹角为120°±2°，顶端圆弧半径为15mm的形状后，包覆层应无脱落。

②塑料材料等其他材料镜腿，用美工刀在适当区域划两条相交且穿透表面包覆层的直线，夹角为30°～45°，交点位于两直线中间。用胶粘带完全覆盖划痕并抹平，等待（90±10）s，拿住胶粘带一端近180°快速撕离后，包覆层应无脱落。

5. 机械性能稳定性

（1）鼻梁变形

装上试片的镜架，按照GB/T 14214—2019《眼镜架　通用要求和试验方法》中8.6试验后，应符合下列要求：

①任何部位不出现断裂和开裂。

②永久变形量$x \leqslant 0.02c$，其中c是镜架方框法几何中心距。

（2）镜片夹持力

装上试片的镜架，按照GB/T 14214—2019《眼镜架　通用要求和试验方法》中8.6试验后，两试片不应从镜圈槽或吊丝中全部或部分脱出。

（3）耐疲劳

装上试片的镜架，按照GB/T 14214—2019《眼镜架　通用要求和试验方法》中8.7试验。

①任何部位不应出现断裂或开裂。

②经500次旋转试验后，永久变形量不应超过5mm。

③能轻松用手指开闭镜腿（弹簧铰链的镜架除外）。

④对于非弹簧铰链镜架，任何一边镜腿不应因其自重在开/闭过程中的任意点下闭合。对于弹簧铰链镜架，在保持两镜腿自然打开状态下，弹簧装置能支持镜腿自重，并保持其原有功能。

6. 阻燃性

（650±20）℃的加热钢棒垂直落在镜架表面各个独立部分，保持5s后，受试部分不应继续燃烧。

7. 耐光辐照（选择性条款）

先将镜架在鼻梁中心一截为二，一部分留作色变比较，另一部分将镜框和镜腿分离，镜腿的外表面和前框的前表面辐照25h后，试样与未经试验的部分比较，亮面不失光。

8. 镍析出试验（选择性条款）

将眼镜架前框和镜腿分离，去除鼻垫和腿套（适用时），准备好试样进行以下处理。

（1）腐蚀

放入脱脂溶液中轻搅2min，用去离子水冲洗干净，并用吸水纸吸干。玻璃或者惰性塑料的样品支架，放置在容器内支撑样品，使得试样最底部高于介质液面上，见图4-1 镜架支撑示意图。盖上容器，放入50℃的烘箱内保持2h后，用去离子水冲洗试样后放置在吸

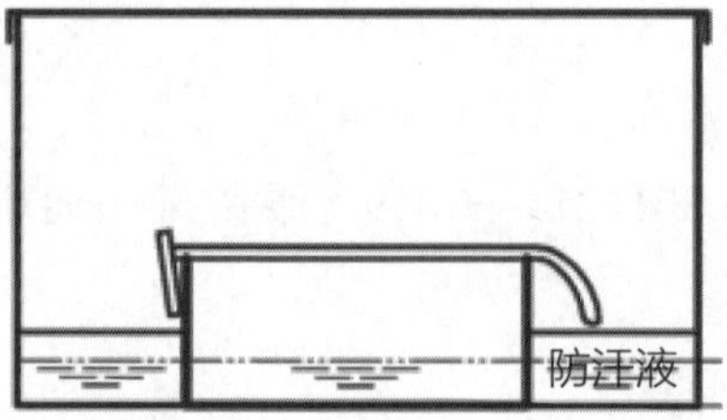

图4-1　镜架支撑示意图

水纸上，室温下干燥1h。

（2）磨损

将镜框和镜腿固定在固定组件上，使试样之间不相互接触，且固定不能移动。将固定组件插入滚筒中，然后填入滚筒深度一半的磨损介质，关闭滚筒，滚筒以（30±2）r/min的速度滚动5h±5min改变旋转方向。

（3）析出

样品放置于可封闭容器中，按照约每平方厘米样品测试面积加入1mL的比例加入仿汗液。试样应完全浸泡，蜡和油漆保护的表面可不浸泡。容器静置在（30±2）℃的水浴槽或烘箱内168h，一周后，从仿汗液中取出试样，用少量去离子水清洗，清洗液并入测试溶液中，将测试溶液定量转移到容量瓶中。加入适量5%（质量分数）硝酸溶液和去离子水，定容后的测试溶液含约1%的硝酸。

（4）镍测定及计算

用分析光谱仪测定测试溶液中的镍浓度。镍析出量d计算公式：

$$d=\frac{V\times(c_1-c_2)}{1000\times a}$$

式中　d——镍析出量；

a——样品测试面积，cm^2；

V——测试溶液体积，mL；

c_1——一周后，测试溶液的镍浓度，μg/L；

c_2——一周后，空白试验溶液的镍浓度平均值，μg/L。

将$d\times0.1$作为校正值，若客户要求或产品明示镍析出量符合标准要求，与佩戴者皮肤直接接触的金属部分的镍析出量应不大于0.5μg/（cm^2·周）。

（三）配装眼镜

配装眼镜的检测依据GB 13511.1—2011《配装眼镜　第1部分：单光和多焦点》、GB 13511.2—2011《配装眼镜　第2部分：渐变焦》和GB/T 13511.3—2019《配装眼镜　第3部分：单光老视成镜》，检测项目主要包括基本性能、透射比性能（渐变焦配装眼镜不考核此项指标）、装配性能、多焦点镜片/渐变焦镜片的位置和装配质量。

1. 基本性能

镜片和镜架要求与“（一）镜片”“（二）镜架”要求一致，镜片与镜圈的几何形状应基本一致且左右对称，无明显隙缝和松动。

2. 透射比性能（渐变焦配装眼镜不考核此项指标）

可见光透射比和紫外透射比要求与“（一）镜片”“（二）镜架”要求一致，左右镜片光透射比相对偏差：

$$\frac{\left|\tau_{V左}-\tau_{V右}\right|}{\left(\tau_{V左}-\tau_{V右}\right)_{max}}\leqslant 15\%$$

3. 装配性能

（1）光学中心水平距离偏差（渐变焦配装眼镜不考核此项指标）

左右镜片的光学中心与配镜者的左右瞳孔一致时，佩戴者应最舒适，如图4–2所示，镜片光学中心与瞳孔位置一致。但是由于加工等人为因素的影响，光学中心和瞳孔不会完全重叠。

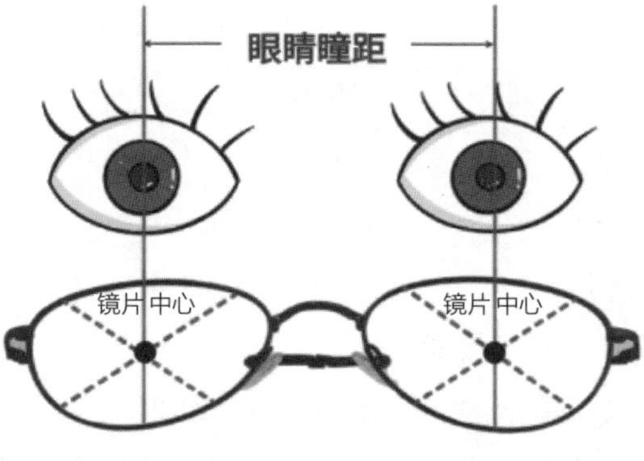

图4–2　镜片光学中心与瞳孔位置

光学中心水平距离偏差即光学中心水平距离的实测值与瞳距的差值表征光学中心和瞳孔的一致程度，具体要求见表4–13光学中心水平距离偏差。老视成镜光学中心水平距离偏差应为±2.0mm。

表4–13　光学中心水平距离偏差

顶焦度绝对值最大的子午面上的顶焦度值/D	0.00～0.50	0.75～1.00	1.25～2.00	2.25～4.00	≥4.25
光学中心水平距离偏差	0.67Δ	±6.0mm	±4.0mm	±3.0mm	±2.0mm

注：“Δ”是棱镜度，小于0.50D的镜片用焦度计无法准确测量其光学中心，需要用棱镜度表示（GB 10810.1—2005）。

（2）光学中心水平距离单侧偏差（渐变焦配装眼镜不考核此项指标）

光学中心水平距离单侧偏差即光学中心的单侧水平距离与1/2瞳距的差值，作为表征光学中心和瞳孔的一致程度的指标之一，其偏差值不应大于表4-13中光学中心水平距离偏差的一半。老视成镜光学中心水平距离单侧偏差应为 ± 1.0mm。

（3）光学中心垂直互差（渐变焦配装眼镜不考核此项指标）

光学中心垂直互差即两镜片光学中心在垂直方向上的距离，作为表征光学中心和瞳孔的一致程度的指标之一，其互差应满足表4-14 光学中心垂直互差的要求。老视成镜光学中心垂直互差应为 ± 1.0mm。

表4-14　光学中心垂直互差的要求

顶焦度绝对值最大的子午面上的顶焦度值/D	0.00～0.50	0.75～1.00	1.25～2.50	＞2.50
光学中心垂直互差	≤0.50Δ	≤3.0mm	≤2.0mm	≤1.0mm

（4）柱镜轴位方向偏差

柱镜轴位方向偏差是指眼镜柱镜（即散光）轴位的方向与配镜者眼睛（散光）方向角度值。若产生较大角度，视物时出现重影等现象。单光和多焦点配装眼镜和老视镜的柱镜轴位方向偏差应满足表4-15的要求；渐变焦配装眼镜的柱镜轴位方向偏差应满足表4-16的要求。

表4-15　单光和多焦点配装眼镜和老视镜的柱镜轴位方向偏差

柱镜顶焦度/D	0.25～≤0.50	＞0.50～≤0.75	＞0.75～≤1.50	＞1.50～≤2.50	＞2.50
轴位允差/°	±9	±6	±4	±3	±2

表4-16　渐变焦配装眼镜的柱镜轴位方向偏差

柱镜顶焦度/D	＞0.125～≤0.25	＞0.25～≤0.50	＞0.50～≤0.75	＞0.75～≤1.50	＞1.50～≤2.50	＞2.50
轴位允差/°	±16	±9	±6	±4	±3	±2

（5）处方棱镜度偏差

处方棱镜度偏差有水平和垂直之分。水平棱镜度允差以BO和BI表示（BO棱镜基底朝

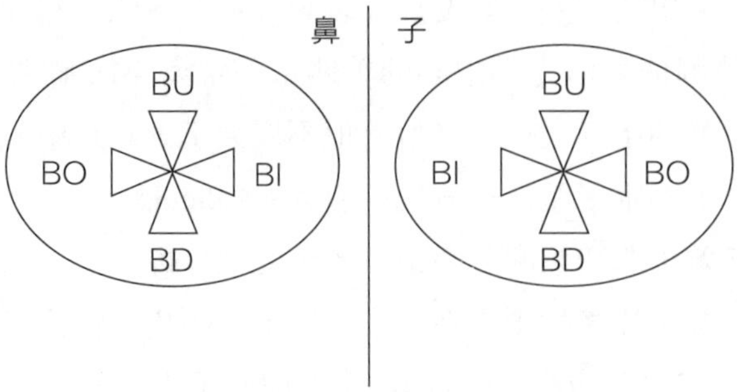

图4-3　棱镜基底方向表示示意图

外，BI棱镜基底方向朝内）；垂直棱镜度允差以BD和BU表示（BD棱镜基底朝下，BU棱镜基底方向朝上），棱镜基底方向如图4-3所示。

定配眼镜各分量的棱镜度偏差应满足表4-17定配眼镜处方棱镜度偏差；渐变焦配装眼镜各分量的棱镜度偏差应满足表4-17光学中心和棱镜度的允差。

表4-17　定配眼镜处方棱镜度偏差

棱镜度（Δ）	水平棱镜允差（Δ）	垂直棱镜允差（Δ）
≥0.00~≤2.00	对于顶焦度≥0.00~≤3.25D：0.67Δ 对于顶焦度>3.25D： 偏心2.0mm所产生的棱镜效应	对于顶焦度≥0.00~≤5.00D：0.50Δ 对于顶焦度>5.00D： 偏心1.0mm所产生的棱镜效应
>2.00~≤10.00	对于顶焦度≥0.00~≤3.25D：1.00Δ 对于顶焦度>3.25D： 0.33Δ+偏心2.0mm所产生的棱镜效应	对于顶焦度≥0.00~≤5.00D：0.75Δ 对于顶焦度>5.00D： 0.25Δ+偏心1.0mm所产生的棱镜效应
>10.00	对于顶焦度≥0.00~≤3.25D：1.25Δ 对于顶焦度：>3.25D： 0.58Δ+偏心2.0mm所产生的棱镜效应	对于顶焦度≥0.00~≤5.00D：1.00Δ 对于顶焦度>5.00D： 0.50Δ+偏心1.0mm所产生的棱镜效应

（6）老视成镜两镜片顶焦度互差

老视镜两镜片顶焦度互差应不大于0.12D（GB/T 13511.3—2019）。

4. 多焦点镜片/渐变焦镜片的位置

（1）子镜片/渐变焦镜片的垂直位置

①子镜片/渐变焦镜片高度偏差

子镜片的高度（图4-4中的*h*）与标称值的偏差应不大于±1.0mm；渐变焦镜片配适点的垂直高度与标称值的偏差应不大于±1.0mm。

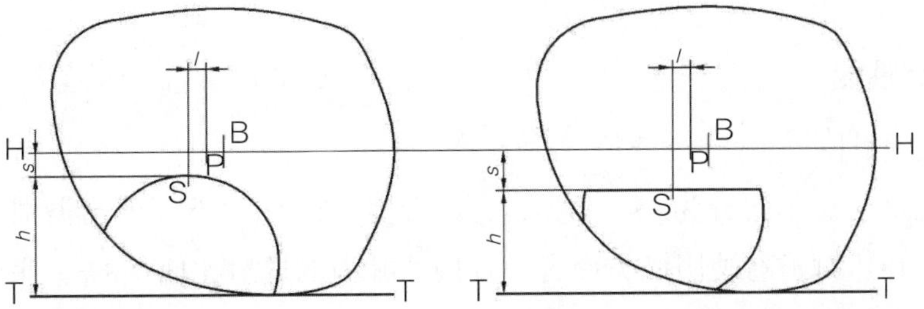

B—方框中心；HH—水平中心线；P—中心点；S—子镜片顶点的位置；
TT—镜片最低水平切线；*s*—水平中心线到子镜片顶点的距离；*h*—子镜片的高度。

图4-4　多焦点镜片的位置示意图

②两子镜片/渐变焦镜片高度互差

两子镜片高度的互差应不大于1mm；两渐变焦镜片配适点的互差应为≤1.0mm。

（2）子镜片/渐变焦镜片的水平位置

两子镜片的几何中心水平距离与近瞳距的差值应小于2.0mm；渐变焦镜片配适点的水平位置与镜片单眼中心距的标称值偏差应为±1.0mm。

（3）子镜片顶端/渐变焦镜片的倾斜度

子镜片水平方向的倾斜度应大于2°；渐变焦配装眼镜永久标记连线的水平倾斜度应不大于2°。

5. 装配质量

①两镜片材料的色泽应基本一致。

②金属框架眼镜锁接管的间隙应≤0.5mm。

③镜片与镜圈的几何形状应基本相似且左右对齐，装配后无明显隙缝。

④整形要求：左右两镜面应保持相对平整、托叶应对称。

⑤镜架外观：应无崩边、钳痕、镀（涂）层剥落及明显擦痕、零件缺损等疵病。

（四）太阳镜

太阳镜的检测依据GB 10810.3—2006《眼镜镜片及相关眼镜产品　第3部分：透射比规范及测量方法》、GB 39552.1—2020《太阳镜和太阳镜片　第1部分：通用要求》和GB/T 39552.2—2020《太阳镜和太阳镜片　第2部分：试验方法》，检测项目主要包括透射比性能、光学特性、机械性能稳定性、耐光辐照、镜架阻燃性、包覆层性能、太阳镜片尺寸、抗冲击性能、镜片耐磨性能和镍析出（可选）。

1. 透射比性能

①可见光透射比

镜片按光透射比不同分为5类：0类、1类、2类、3 类、4类，不同类别的可见光透射比要求见表4–18。对于驾驶用镜类而言，日用驾驶镜的透射比应≥8%，用于黎明、黄昏和傍晚驾驶的太阳镜透射比应≥75%。

表4–18 太阳镜和太阳镜片的透射比要求

镜片类别	镜片分类号	要求			
		可见光谱区	紫外光谱区		红外光谱区[a]
		τ_V（380~780nm）	τ_{SUVA}（315~380nm）	τ_{SUVB}（280~315nm）	τ_{SIR}（780~2000nm）
浅色太阳镜	0	$\tau_V>80.0$	τ_V	$0.05\tau_V$	τ_V
	1	$43.0<\tau_V\leqslant80.0$	τ_V	$0.05\tau_V$	
遮阳镜	2	$18.0<\tau_V\leqslant43.0$	$0.5\tau_V$	≤1.0%或$0.05\tau_V$（以较大值为准）	
	3	$8.0<\tau_V\leqslant18.0$	$0.5\tau_V$	≤1.0%	
特殊用途太阳镜	4	$3.0<\tau_V\leqslant8.0$	≤1.0%或$0.25\tau_V$（以较大值为准）	≤1.0%	

注：[a]仅适用于生产企业明示具有红外辐射防护功能的太阳镜和太阳镜片。

②紫外透射比

紫外透射比τ_{SUVA}和τ_{SUVB}应满足表4–18太阳镜和太阳镜片的透射比要求。

以3类（CAT.3）太阳镜为例，可见光谱范围透射比：$3.0<\tau_V\leqslant8.0$，紫外光谱范围透射比：τ_{SUVB}（280~315nm）（%）≤1.0%，τ_{SUVA}（315~380nm）（%）≤$0.5\tau_V$。当太阳镜满足该项要求时，就达到了防护的基本要求。由于戴上太阳镜会降低进入人眼的光通量，致使佩戴者瞳孔增大，在同等外界条件下，如果太阳镜不能阻挡相应量的紫外光，人眼将接受比不戴太阳镜时更多的紫外光，即配戴不能防紫外线的深色太阳镜比不配戴太阳镜对眼睛的损害更大。

③透射比的均匀性

a．太阳镜片

测基准点以及通过基准点的水平连线左右方向各15mm的2个点的可见光透射比，比教出这3个测量点的最大值τ_{Vmax}和最小值τ_{Vmin}，太阳镜片的透射比均匀性Δ_F计算公式：

$$\Delta_F = \frac{\tau_{V\max} - \tau_{V\min}}{\tau_{V\max}} \times 100\%$$

式中　Δ_F——透射比均匀性；

$\tau_{V\max}$——左镜片和右镜片可见光透射比的最大值；

$\tau_{V\min}$——左镜片和右镜片可见光透射比的最小值。

Δ_F应符合：Ⅰ0～3类镜片：$\Delta_F \leqslant 10\%$；Ⅱ4类镜片：$\Delta_F \leqslant 20\%$。

b．太阳镜和双目一体镜片

测量左镜片的光透射比τ_{VL}和τ_{VR}，太阳镜和双目一体镜片的光透射比均匀性（Δ_F，不应大于15%）计算公式：

$$\Delta_F = \frac{\tau_{VR} - \tau_{VL}}{\tau_{V\max}} \times 100\%$$

式中　Δ_F——透射比均匀性；

τ_{VR}——左镜片的光透射比；

τ_{VL}——右镜片的光透射比；

$\tau_{V\max}$——左镜片和右镜片可见光透射比的最大值。

④光谱透射比与镜片要求一致。

⑤0～3类太阳镜片的相对视觉衰减因子Q与镜片要求一致。

⑥光致变色响应值与镜片要求一致。

⑦偏振轴位和偏振效率。

偏振镜片的透射平面与垂直方向或明示方向的偏差应在$-5°$～$+5°$；太阳镜左右镜片透射平面之间的互差应不大于6°。偏振效率与镜片要求一致。

⑧明示透射比（可选择性）

a．明示蓝光透射比和紫外透射比

当镜片明示透射比为$x\%$时，则透射比应≥（x-0.5）%，其中明示透射比包括明示蓝光透射比和明示紫外透射比；当太阳镜和太阳镜片明示紫外截止波长，则截止波长以下的光谱透射比$\tau(\lambda) \leqslant 2\%$。

b．光反射比（经减反射处理的太阳镜）

镜片的光反射比$\rho_V \leqslant 2.5\%$。

c．红外光透射比与镜片要求一致。

⑨散射光

镜片的广角散射是指透过镜片偏离入射光线的散射光通量与总透射光通量的比值，用雾度值W表示，$W \leqslant 3\%$。

2. 光学特性

（1）镜片顶焦度

太阳镜和镜片球镜度偏差为两主子午面顶焦度的平均值（D_1+D_2）/2与标称球镜度的差值；太阳镜和镜片的散光度偏差为两主子午面顶焦度差值的绝对值$|D_1-D_2|$与标称散光度的差值，其偏差应符合表4-19的要求。

表4-19　镜片的球镜度和散光度允差

球镜度/m^{-1}	散光度/m^{-1}
±0.12	≤0.12

（2）太阳镜左右镜片球镜度互差

太阳镜的左右镜片或夹片太阳镜片的左右球镜度互差应不大于$0.18m^{-1}$。

（3）棱镜度

①太阳镜片的棱镜度应不大于0.25Δ。

②太阳镜或太阳镜夹片的棱镜度偏差应符合表4-20 棱镜度偏差。

表4-20　棱镜度偏差

水平方向棱镜度偏差/（cm/m）		垂直方向棱镜度互差/（cm/m）
基底向外	基底向内	
≤1.00	≤0.25	≤0.25

3. 机械性能稳定性

①耐疲劳与镜架要求一致。

②鼻梁变形和镜片夹持力与镜架要求一致。

4. 耐光辐照

（1）镜片辐照前后透射比的相对变化

样品在温度（28±5）℃辐照箱中连续辐照50h后，辐照前后透射比的相对变化应符合表4-21镜片辐照前后透射比的相对变化。

表4-21　镜片辐照前后透射比的相对变化

分类号	光透射比的相对变化/%
0	±3
1	±5
2	±8
3	±10
4	±10

（2）散射光

样品在温度（28±5）℃辐照箱中连续辐照50h后，雾度值$W \leqslant 3\%$。

（3）光致变色响应值

样品在温度（28±5）℃辐照箱中连续辐照50h后，$\tau_V(0)/\tau_V(15) \geqslant 1.25$。

（4）紫外透射比

样品在温度（28±5）℃辐照箱中连续辐照50h后，紫外透射比应满足表4-18的要求。

（5）明示透射比

样品在温度（28±5）℃辐照箱中连续辐照50h后，明示透射比应与太阳镜的要求一致。

（6）反射比

样品在温度（28±5）℃辐照箱中连续辐照50h后，反射比$\rho_V \leqslant 2.5\%$。

5. 镜架阻燃性

（650±20）℃的加热钢棒垂直落在镜架表面各个独立部分，保持5s后，受试部分不应继续燃烧。

6. 包覆层性能

①抗汗腐蚀同与镜架要求一致。

②包覆层结合力与镜架要求一致。

7. 太阳镜片尺寸

太阳镜应覆盖两个椭圆形范围，如图4-5所示。

成人太阳镜的椭圆的水平尺寸不小于40mm，垂直尺寸不小于28mm；水平中心距离为64mm，对称于镜架鼻梁的中心两侧。儿童太阳镜的椭圆的水平尺寸不小于34mm，垂直尺寸不小于24mm；水平中心距离为54mm，对称于镜架鼻梁的中心两侧。

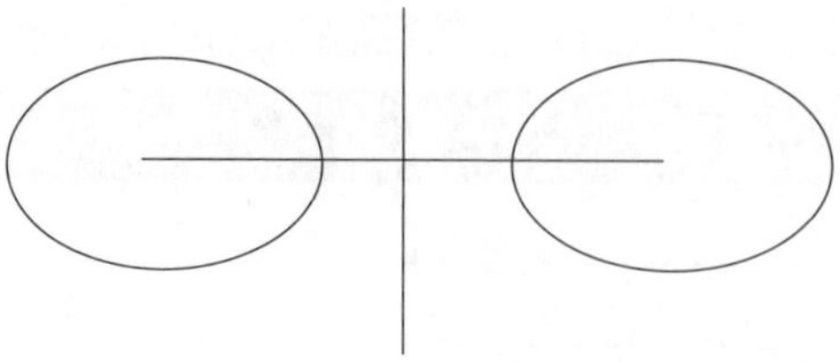

图4-5　太阳镜覆盖椭圆

8. 抗冲击性能

（1）明示抗冲击强度1级（16g落球试验）

与镜片要求一致。

（2）明示抗冲击强度2级（43g落球试验）（可选）

若太阳镜或太阳镜片明示具有抗冲击强度2级，钢球的直径为22mm，质量为43g，试验步骤和要求与镜片一致。

（3）明示抗冲击强度3级（高速粒子冲击试验）（可选）

若太阳镜或太阳镜片明示具有抗冲击强度3级，标称直径为6mm，质量为0.86g的钢珠，以$45_{0}^{1.5}$m/s的速度冲击太阳镜的基准点或佩戴位置后，不应出现以下情况：

①镜片裂成两块或两块以上。

②镜片的近眼面有碎片脱落。

③镜片被直接穿透。

9. 镜片耐磨性能

与镜片要求一致。

10. 镍析出（可选）

若客户要求或产品明示镍析出量符合标准要求，与佩戴者皮肤直接接触的金属部分的镍析出量应不大于0.5μg/（cm^2·周）。

（五）游泳眼镜

游泳眼镜的检测依据QB/T 4734《游泳眼镜》，检测项目主要包括基本要求、镜片、抗冲击强度、眼杯抗压强度、眼杯渗漏性、防雾性（可选择）、吸盘、头带、鼻桥和外观。

1. 基本要求

因游泳眼镜所处水环境的特殊性，所有部件不应使用金属材料；与皮肤接触的部件不应使用对皮肤产生不良刺激反应的材料。

2. 镜片

①表面质量与镜片要求一致。

②紫外性能$\tau_{SUVA}\leqslant 30\%$，$\tau_{SUVB}\leqslant 1\%$。

③镜片的顶焦度允差应符合表4-22游泳眼镜顶焦度允差。

表4-22　游泳眼镜顶焦度允差

球镜顶焦度范围（D）	球镜顶焦度允差（D）	柱镜顶焦度允差（D）
0.00~6.00	±0.18	±0.12
>6.00	±0.25	

④镜片间顶焦度互差不应大于0.18D。

⑤棱镜度允差不应大于0.50Δ。

⑥视域要求如下：

a. 成人游泳眼镜不应小于36mm。

b. 儿童游泳眼镜不应小于30mm。

3. 抗冲击强度

用一直径为22mm，质量44g的钢球自1.3m的高度自由下落冲击镜片的凸面，冲击点为镜片的几何中心。试验后，镜片不应破碎和开裂。若镜片和杯口为一体式的游泳眼镜，试验后的杯口部分也不应破碎和开裂。

4. 眼杯抗压强度

将游泳眼镜的眼杯向上置于平板钢支架上，在一只眼杯上垂直施加（588±2）N的作用力（60±5）s，另一眼杯重复试验。试验后，眼杯不应破碎和开裂。

5. 眼杯渗漏性

将游泳眼镜的杯口向上放在白色的吸墨纸上，杯口中倒入深度5mm的稀释蓝墨水或其他有色液体，1h后检查吸墨纸是否有墨水痕迹，眼杯不应渗漏。

6. 防雾性（可选择）

将游泳眼镜放入温度为（5±2）℃的恒温槽内48h后取出，室温为（23±2）℃环境下目测检查，镜片表面不应有雾气或结露。

7. 吸盘

（1）构造

吸盘应能覆盖整个眼杯外缘，叠加部分宽度不应小于1mm。

（2）附着力

将镜片和吸盘的组合件浸泡在装有饮用水的水箱中（24±4）h，水温（30±2）℃，将组件取出，对吸盘施加平行于游泳眼镜的眼杯平面（2.0±0.5）N的拉力，吸盘的任何部分都不应与眼杯分离。

8. 头带

①头带的长度应能调节，并足以固定游泳眼镜。

②应选用弹性材料，能使吸盘附着于眼睛保持封闭，以起到防水作用。

③将游泳眼镜佩戴在人头模型上并完全浸泡在装有饮用水的水箱中30s，水温（30±2）℃，将人头模型从水中取出，模拟游泳眼镜正常使用时对头带进行拉伸，向上移动头带，重复上述步骤5次，每次头带通过头带扣的滑动距离不应大于3mm。

9. 鼻桥

将鼻桥调至最大长度，使游泳眼镜架保持在正常的佩戴位置上，沿鼻桥轴线的侧向，向鼻桥施加（10.0±0.5）N的拉力，鼻桥不应断裂，也不应滑动或从支撑处滑脱。

10. 外观

游泳眼镜所有组成部分暴露的边缘均应圆滑（吸盘、头带除外）；密封面以及与密封面连接的带托处，与佩戴者脸部接触的部位不应有凸出点而造成佩戴不适。

（六）机动车驾驶员专用眼镜

机动车驾驶员专用眼镜的检测依据QB/T 2659《机动车驾驶员专用眼镜》，检测项目主要包括表面质量、顶焦度、棱镜度、装配质量、耐疲劳强度、鼻梁变形和镜片夹持力、包覆层性能、透射比性能、抗冲击性、阻燃性和偏光镜片的偏振方向。

1. 表面质量

①镜片表面质量和内在疵病与镜片要求一致。

②镜架外观质量与镜架要求一致。

2. 顶焦度

球镜的绝对值不应大于0.12m^{-1}，柱镜的绝对值不应大于0.09m^{-1}。

3. 棱镜度

按照GB 10810.1中规定的方法进行测量，左右镜片基准点的棱镜度互差绝对值应符合表4-23的规定。

表4-23　棱镜度互差

水平方向棱镜度偏差/（cm/m）		垂直方向棱镜度互差/（cm/m）
基底向外	基底向内	
≤1.00	≤0.25	≤0.25

4. 装配质量

目视检查驾驶镜，镜片与镜圈的几何形状应基本相似且左右对齐，装配后应明显无隙缝。

5. 耐疲劳强度

与镜架要求一致。

6. 鼻梁变形和镜片夹持力

与镜架要求一致。

7. 包覆层性能

①抗汗腐蚀与镜架要求一致。

②包覆层结合力与镜架要求一致。

8. 透射比性能

①仅限白天使用的Ⅰ类驾驶镜：光透射比应8%<τ_V≤75%。

②适应于白天、黎明、黄昏和夜间使用的Ⅱ类驾驶镜：光透射比应τ_V>75%。

③左右镜片基准点的光透射比的相对偏差（相对于较大值）不应大于15%。

④波长475～650nm的光谱透射比τ（λ）≥0.2τ_V。

⑤镜片的相对视觉衰减因子Q要求与镜片一致。

⑥紫外透射比：280～380nm，τ_{SUV}≤1.0%。

9. 抗冲击性

与镜片要求一致。

10. 阻燃性

（650±10）℃的加热钢棒垂直地按压在驾驶镜的所有暴露部位表面（弹性头带和纤维状衬饰），保持5s后，受试部分不应继续燃烧。

11. 偏光镜片的偏振方向

与太阳镜偏振轴位的要求一致。

二、案例解析

（一）标准解析案例

1. 标称−5.00DS/−1.50DC的球柱镜片的顶焦度允差是多少？实测−5.09DS/−1.56DC（−6.65DS/+1.56DC），是否符合标准要求？

解析：此镜片一个主子午面上的顶焦度为−5.00D，另一个主子午面上的顶焦度为−6.50D，则将主子午面顶焦度绝对值较大的6.50D作为此镜片的标称值，对照表4−2查看可知，此镜片球镜顶焦度允差为±0.12D，柱镜顶焦度允差为±0.18D。

主子午面一球镜顶焦度偏差−5.09D−（−5.00D）=−0.09D；主子午面二球镜顶焦度偏差−6.65 D−（−6.50D）=−0.15D，柱镜顶焦度偏差−1.56D−（−1.50D）=−0.06D，具体见表4−24顶焦度结果判定。

表4-24　顶焦度结果判定

序号	检测项目		标准要求	检测结果	判定
1	球镜顶焦度偏差	主子午面一	±0.12D	-0.09D	符合
		主子午面二		-0.15D	不符合
2	柱镜顶焦度偏差		±0.18D	-0.06D	符合

综上所述，主子午面二球镜顶焦度偏差绝对值超过标准允差，此项目不符合标准要求。

2．标称-2.00DS/-0.50DC×30°，棱镜度2.00Δ的镜片，棱镜度允差是多少？

解析：两子午面顶焦度值分别为-2.00D和-2.50D，绝对值最大的子午面上的顶焦度值为S_{max}=2.50D，且棱镜度2.00Δ；对照表4-6可计算出：

水平棱镜度允差为：±（0.25+0.1×2.50）=±0.50Δ；

垂直棱镜度允差为：±（0.25+0.05×2.50）=±0.375Δ。

3．标称R：-4.50DS/-1.50DC×90° L: -4.50DS/-0.50DC×90°　PD：63mm的配装眼镜，实测光学中心水平距离66mm，光学中心垂直互差2.0mm，R镜片柱镜轴位95°，L镜片柱镜轴位87°，则光学中心水平距离偏差、垂直互差和柱镜轴位偏差是否符合标准要求？

解析：对照表4-13和表4-14可知光学中心水平距离偏差±2.0mm、光学中心垂直互差≤1.0mm，柱镜轴位偏差±4°。

光学中心水平距离偏差66-63=3（mm），R镜片柱镜轴位偏差95°-90°=5°，L镜片柱镜轴位偏差87°-90°=-3°，具体见表4-25装配质量结果判定。

综上所述，光学中心水平距离偏差，垂直互差和右镜片柱镜轴位偏差超出标准偏差，此3项不符合标准要求。

表4-25　装配质量结果判定

序号	检测项目		标准要求	检测结果	判定
1	光学中心水平距离偏差		±2.0mm	3.0mm	不符合
2	光学中心垂直互差		≤1.0mm	2.0mm	不符合
3	柱镜轴位偏差	R	±4°	5°	不符合
		L	±9°	-3°	符合

4．标称78511 51□16-142的金属全框架，实测尺寸51.43□16.81-140.53，则尺寸偏差项目是否符合标准要求？

解析：镜架尺寸标准要求：方框法水平镜片尺寸偏差：±0.5mm；片间距离偏差：

±0.5mm；镜腿长度偏差：±2.0mm。

方框法水平镜片尺寸偏差51.43−51=0.43（mm），片间距离偏差16.81−16=0.81（mm），镜腿长度偏差140.53−142=−1.47（mm），具体见表4−26镜架尺寸结果判定。

表4−26　镜架尺寸结果判定

检测项目		标准要求	检测结果	判定
尺寸偏差	方框法水平镜片尺寸/mm	±0.5	0.43	符合
	片间距离/mm	±0.5	0.81	不符合
	镜腿长度/mm	±2.0	−1.47	符合

综上所述，尺寸偏差（片间距离）超出标准偏差，此项目不符合标注要求。

5. 某眼镜镜片，防紫外级别标注UV−1，实测τ_{SUVA}=10.21%，τ_{SUVB}=0.01%测，紫外项目是否符合标准要求?

解析：对照表4−7眼镜类透射比要求，可以看出UV−1类别的眼镜镜片$\tau_{SUVA}\leqslant 1\%$，$\tau_{SUVB}\leqslant 1\%$；实测$\tau_{SUVB}=0.01\%\leqslant 1\%$，$\tau_{SUVA}=10.21\%\geqslant 1\%$，具体见表4−27紫外透射比结果判定。

表4−27　紫外透射比结果判定

序号	检测项目	标准要求	检测结果	判定
1	τ_{SUVA}	1%	10.21%	不符合
2	τ_{SUVB}	1%	0.01%	符合

综上所述，τ_{SUVB}项目不符合标准要求（注：国家标准GB 10810.3—2006《眼镜镜片及相关眼镜产品　第3部分：透射比规范及测量方法》防紫外性能要求高于国外标准）。

6. 某光学树脂镜片，标称折射率n_e=1.558，v_d=39.2，实测n_e=1.536，v_d=43.5，则折射率n_e绝对偏差和色散系数v_d相对偏差是否符合标准要求?

解析：对照标准，镜片折射率的绝对偏差为±0.005，色散系数的相对偏差为±5%v_d，折射率绝对偏差为1.536−1.558=−0.022，色散系数相对偏差为$\frac{43.5-39.2}{39.2}\times 100\%\approx 11.0\%$，具体见表4−28折射率和色散系数结果判定。

表4-28　折射率和色散系数结果判定

序号	检测项目	标准要求	检测结果	判定
1	折射率偏差	±0.005	-0.022	不符合
2	色散系数相对偏差/%	±5	11.0	不符合

综上所述，折射率n_e绝对偏差和色散系数v_d相对偏差项目均不符合标准要求。

7．某太阳镜，标称遮阳镜 3类，实测可见光透射比τ_V=5.1%，相对视觉衰减因子红色信号5.3，黄色信号透射比4.9，绿色信号透射比6.3，则可见光透射比τ_V和相对视觉衰减因子是否符合标准要求？

解析：对照表4-18太阳镜和太阳镜片的透射比要求，遮阳镜3类太阳镜的可见光透射比8%＜τ_V≤18%，具体见表4-29可见光透射比结果判定。综上所述，可见光透射比项目均不符合标准要求。

表4-29　可见光透射比结果判定

检测项目	标准要求	检测结果	判定
可见光透射比	8%<τ_V≤18%	5.1%	不符合

8．某偏光太阳镜，偏振镜片的透射平面与垂直方向的偏差，实测R镜片=–5.1°，L镜片=+3.5°，左右两镜片透射平面轴位互差=8.6°，则偏光太阳镜偏振轴位偏差是否符合标准要求？

解析：对照太阳镜标准，偏振镜片的透射平面与垂直方向或明示方向的偏差应不大于±5°，左右两镜片透射平面之间的互差不应大于6°，实测R镜片=–5.1°；L镜片=+3.5°，左右两镜片透射平面轴位互差=8.6°，具体见表4-30偏振方向结果判定。综上所述，偏光太阳镜的轴位偏差项目不符合标准要求。

表4-30　偏振方向结果判定

检测项目	标准要求	检测结果	判定
偏振镜片的透射平面与垂直方向的偏差	±5°	R: -5.1° L: +3.5°	不符合

（二）召回案例

以下案例源于国家市场监督管理总局缺陷产品管理中心公告信息。

1. 铅Pb超标

铅对人体健康有害，且能在人体内累积，可能会导致神经发育毒性，还可能会影响哺乳期婴儿或胎儿。

2015年美国消费品安全委员会（CPSC）因为儿童太阳镜镜架表面涂层铅含量超标发布了7次召回信息，涉及6家公司共693500副儿童太阳镜。

2021年欧盟召回Shady 太阳镜 、multifärg太阳镜，召回原因是太阳镜的金属铰链中含有过量的铅（按重量计的检测值高达：1.67%）。

2. 镍Ni超标

镍是一种强致敏剂，如果存在于与皮肤直接接触和长期接触的物品中，会导致过敏反应。2020年欧盟因镍超标召回部分眼镜框架产品，包括：

①Guess 眼镜框架，产品边缘释放过量的镍，检测值高达：0.8μg/（cm^2·周）。

②Calvin Klein 眼镜框架，产品的边缘、中梁和镜腿释放过量的镍，检测值高达：63μg/（cm^2·周）。

③Burberry 眼镜框架，产品的边缘、中梁、饰物和镜腿释放出过量的镍，检测值高达：9.7μg/（cm^2·周）。

④Ray Ban 眼镜框架，产品的边缘和梁释放出过量的镍，检测值高达：13.6μg/（cm^2·周）。

⑤Bvlgari 眼镜框架，产品的金属释放出过量的镍，检测值高达：185.7μg/（cm^2·周）。

3. 邻苯二甲酸二丁酯（Dibutyl phthalate，DBP）超标

DBP属于邻苯二甲酸酯（增塑剂），其可能损害儿童生殖系统，不利于儿童健康。2019年欧盟召回DanYong Swim goggles 游泳镜，召回原因是产品的塑料材料含有过量的DBP（按重量计的检测值为27.55%）。

4. 石油馏出物超标

石油馏出物可对儿童的眼睛和皮肤造成伤害，如误食可致命。

2001年CPSC召回7万副BarbieTM 儿童太阳镜，召回原因是太阳镜的镜架易破损从而释放石油馏出物。

5. 紫外线不合格

2016年欧盟召回TLC VISION 太阳眼镜，召回原因是紫外线透射太高，太阳眼镜无法充分防护紫外线的伤害。

附录

眼镜认证法规政策清单

序号	名称	实施日期	现行版本
1	中华人民共和国产品质量法	1993.09.01	2018.12修正
2	中华人民共和国标准化法	1989.04.01	2017.11修订
3	中华人民共和国计量法	1986.07.01	2018.10修正
4	中华人民共和国进出口商品检验法	1989.08.01	2021.04修正
5	中华人民共和国消费者权益保护法	1994.01.01	2013.10修正
6	中华人民共和国安全生产法	2002.11.01	2021.03修正
7	中华人民共和国工业产品生产许可证管理条例	2005.09.01	—
8	中华人民共和国认证认可条例	2003.11.01	2020.11修订
9	广告管理条例	1987.12.01	—
10	中华人民共和国计量法实施细则	1989.08.01	2021.04修正
11	认证机构管理办法	2018.01.01	2020.10修订
12	认证证书和认证标志管理办法	2004.08.01	2015.03修订
13	产品质量监督抽查管理暂行办法	2020.01.01	—
14	消费品召回管理暂行规定	2020.01.01	—
15	眼镜制配计量监督管理办法	2003.12.01	2020.10修订
16	认证及认证培训、咨询人员管理办法	2004.08.01	2022.09修改
17	综合防控儿童青少年近视实施方案	2018.08.30	—
18	全国综合防控儿童青少年近视工作评议考核办法（试行）	2018.08.30	—
19	儿童青少年近视防控光明行动工作方案（2021—2025年）	2021.04.28	—
20	2023年全国综合防控儿童青少年近视重点工作计划	2023.03.30	—

参考文献

[1]叶佳意. 中国眼镜标准化体系现状及发展[J]. 玻璃搪瓷与眼镜，2022（5）：26–29，43.

[2]高玉冰. 展望未来：完善标准体系，助力行业精细化发展[J]. 中国眼镜科技杂志，2021（3）：102–127.

[3]王祥，庞颖. 产品质量安全监管制度改革再加速[J]. 质量与认证，2018（4）：27–31.

[4]侯世卿. 强制性产品认证制度研究[D]. 成都：四川省社会科学院，2019.

[5]中国认证认可协会. 产品认证基础[M]. 北京：高等教育出版社，2019.

[6]国家认证认可监督管理委员会. 强制性产品认证证书注销、暂停、撤销实施规则：国家认监委2008年第19号公告[EB/OL].（2008–06–24）[2024–04–05]. https://www.cnca.gov.cn/zwxx/gg/2008/art/2008/art_3b78da4a508a45f68a82e84149934d3e.html.

[7]国家认证认可监督管理委员会. 强制性产品认证实施规则 生产企业检测资源及其他认证结果的利用：国家认监委2013年第27号公告[EB/OL].（2013–09–24）[2024–04–05]. https://www.cnca.gov.cn/zwxx/gg/2013/art/2023/art_5c24026393804595a8ec89574f95ba12.html.

[8]国家认证认可监督管理委员会. 强制性产品认证实施规则 工厂质量保证能力要求：国家认监委2014年第1号公告[EB/OL].（2014–01–02）[2024–04–05]. https://www.cnca.gov.cn/zwxx/gg/2014/art/2023/art_f776065d79634178af65a625083e8752.html.

[9]国家认证认可监督管理委员会. 强制性产品认证实施规则 工厂检查通用要求: 国家认监委2014年第1号公告[EB/OL].（2014–01–02）[2024–04–05]. https://www.cnca.gov.cn/zwxx/gg/2014/art/2023/art_f776065d79634178af65a625083e8752.html.

[10]国家认证认可监督管理委员会. 国家认监委关于完善强制性产品认证证书和标志管理的公告：国家认监委2023年第12号公告[EB/OL].（2023–08–10）[2024–04–05]. https://www.cnca.gov.cn/zwxx/gg/2023/art/2023/art_926495084f4740b792f914829b1be5c5.html.